和谐校园文化建设读本

# 如何培养学生的创新能力

井忠维 孙 颖/编著

吉林教育出版社

图书在版编目(CIP)数据

如何培养学生的创新能力 / 井忠维，孙颖编著. —
长春：吉林教育出版社，2012.6（2018.2重印）
（和谐校园文化建设读本）
ISBN 978－7－5383－9012－4

Ⅰ．①如… Ⅱ．①井… ②孙… Ⅲ．①青少年－创造
能力－能力培养 Ⅳ．①G305

中国版本图书馆 CIP 数据核字（2012）第 116347 号

| 如何培养学生的创新能力 | | 井忠维　孙　颖　编著 |
| --- | --- | --- |
| **策划编辑** | 刘　军　　潘宏竹 | |
| **责任编辑** | 刘桂琴 | **装帧设计**　王洪义 |
| **出版** | 吉林教育出版社(长春市同志街 1991 号　邮编 130021) | |
| **发行** | 吉林教育出版社 | |
| **印刷** | 北京一鑫印务有限责任公司 | |
| **开本** | 710 毫米×1000 毫米　1/16　　13 印张 | **字数**　165 千字 |
| **版次** | 2012 年 6 月第 1 版　2018 年 2 月第 2 次印刷 | |
| **书号** | ISBN 978－7－5383－9012－4 | |
| **定价** | 39.80 元 | |

# 编 委 会

# 总 序

千秋基业，教育为本；源浚流畅，本固枝荣。

什么是校园文化？所谓"文化"是人类所创造的精神财富的总和，如文学、艺术、教育、科学等。而"校园文化"是人类所创造的一切精神财富在校园中的集中体现。"和谐校园文化建设"，贵在和谐，重在建设。

建设和谐的校园文化，就是要改变僵化死板的教学模式，要引导学生走出教室，走进自然，了解社会，感悟人生，逐步读懂人生、自然、社会这三部天书。

深化教育改革，加快教育发展，构建和谐校园文化，"路漫漫其修远兮"，奋斗正未有穷期。和谐校园文化建设的研究课题重大，意义重要，内涵丰富，是教育工作的一个永恒主题。和谐校园文化建设的实施方向正确，重点突出，是教育思想的根本转变和教育运行机制的全面更新。

我们出版的这套《和谐校园文化建设读本》，全书既有理论上的阐释，又有实践中的总结；既有学科领域的有益探索，又有教学管理方面的经验提炼；既有声情并茂的童年感悟，又有惟妙惟肖的机智幽默；既有古代哲人的至理名言，又有现代大师的谆谆教诲；既有自然科学各个领域的有趣知识，又有社会科学各个方面的启迪与感悟。笔触所及，涵盖了家庭教育、学校教育和社会教育的各个侧面以及教育教学工作的各个环节，全书立意深邃，观念新异，内容翔实，切合实际。

我们深信：广大中小学师生经过不平凡的奋斗历程，必将沐浴着时代的春风，吸吮着改革的甘露，认真地总结过去，正确地审视现在，科学地规划未来，以崭新的姿态向和谐校园文化建设的更高目标迈进。

让和谐校园文化之花灿然怒放！

本书编委会

# 目 录

# 第一章　创新能力的内涵

## 第一节　创新能力概述

### 一、什么是创新能力

我们来看一个故事，毕加索是一位极富创造力的大画家，他有收藏破铜烂铁的癖好。一次，他在一个老人那里看到一部旧自行车，就向老人索要。老人觉得一架破自行车值不了几个钱，就很爽快地给了他。回到家里，毕加索把自行车的把手和座椅拆了下来拼成了一个牛头的塑像，后来这个塑像就成了"现成品雕塑"的代表作品。现在有许多艺术家用诸如易拉罐之类的现成品创作雕塑，就是从毕加索开始的。

自行车在我们大部分人的眼里，没有什么稀奇，而在像毕加索这样的艺术家眼里，却是一个牛头，一件艺术品。和别人看同样的东西却能想出不同的事情，这就是一种能力，一种创新。

创新能力又叫创新才能，是指人为了一定的目的，遵循事物发展的规律，对事物的整体或其中某些部分进行变革，从而使其得以更新与发展的活动。创新能力是人在顺利完成以原有知识经验为基础的创建新事物的活动中表现出来的潜在的心理品质。它的本质是进取，是推动人类文明进步的激情，创新就要淘汰旧观念、旧技术、旧体制，培育新观念、新技术、新体制，不做复制者。

## 二、创新能力的特征

1. 综合独特性：我们观察创新人物能力的构成时，会发现没有一个是单一的，都是几种能力的综合，这种综合是独特的，具有鲜明的个性色彩。

2. 结构优化性：创新能力在构成上，呈现出明显的结构优化特征，而这种结构是一种深层或深度的有机结合，能发挥出意想不到的创新功能。

## 三、创新能力的形成

1. 遗传素质是人类创新能力形成和发展的生理基础和必要的物质前提。它潜在决定着个体创新能力未来发展的类型、速度和水平。

大脑是人的创新能力形成的物质基础，是人的创新能力发展的物质载体。离开了这个物质基础，人的创新能力的形成和发展就成了无源之水、无本之木。

2. 环境是人的创新能力形成和提高的重要条件。环境优劣影响着个体创新能力发展的速度和水平。人是社会的人，人的创新实践并不是在"真空"中进行的，必然受到环境的影响。

环境包括自然环境和社会环境。社会环境包括家庭、学校和社会，社会上的各种教育培训机构等都是影响人创新能力形成和发展的重要因素。

## 四、创新能力的思想渊源

我国上千年的教育发展史，闪烁着一些简单而朴素的创新能力培养的思想和方法。例如，两千多年前，老子就在《道德经》中提出"天下万物生于有，有生于无"的创造思想；孔子提出要"因材施教"以及"不愤不启，不悱不发，举一隅不以三隅反，则不复也"的思想。1919 年，我国著名教育家陶行知先生第一次把"创造"引入教育领域。他在《第一流教育家》一文中提出要培养具有"创造精神"和"开辟精神"的人才，培养学生的创新能力对国家富强和民族兴亡有重要意义。

1998 年 11 月 24 日，江泽民同志在新西伯利亚科学城会见科技界人士时曾指出："创新是一个民族进步的灵魂，是一个国家兴旺发达的不竭动力。创新的关键在人才，人才的成长靠教育。"以此次讲话为契机，我国将大学生创新能力的培养作为教育改革的重要目标，在教育界引发了一次对创新能力的内涵、创新能力培养的影响因素以及方式方法的大讨论。

### 五、创新能力的现实意义

中国有句古话："不谋全局者，不足谋一域；不谋万事者，不足谋一时。"在当今全球经济一体化、信息化、网络化的大趋势下，科学技术日新月异，人类知识总量五年就将翻一番，经济生活瞬息万变，每一个不同身份的人，都应当学会用世界的眼光从高处和远处审视自己，衡量自身，随时发现自己的弱点和缺点，迅速加以克服，以求赶上和超越。否则，随时都有被淘汰的可能。

江泽民同志在九届一次会议期间与科学家座谈时又一次强调："创新是一个民族进步的灵魂，是一个国家兴旺发达的不竭动力。"当今社会的竞争，与其说是人才的竞争，不如说是人的创造力的竞争。

# 第二节　培养青少年学生创新能力的意义

一部人类文明进步史就是一部依靠人类的不断创新推动社会生产力发展的历史。每一种文明崛起、兴盛无一不与创新精神有着密切的关联。中国之所以由四大文明古国之一一落千丈，在清末沦为任人宰割的俎上鱼肉，与缺乏创新精神不无关系。历史的车轮已经驶入 21 世纪，这是一个经济全球化、资本自由化、社会知识化、生活数字化的崭新时代。如何抓住历史机遇、迎接知识经济时代的挑战、建设创新型国家便成为现阶段国家发展的重中之重。而创新型国家的建设依赖创新型人才，创新型人才的培养又取决于对学校教育、青少年学生的创新能力的培养。

## 一、素质教育的要求，现代社会发展的需要

当代社会的发展对人才素质提出了更高的要求，未来需要具有创新素质的人才，而创新人才培养的核心是创新思维的培养。创新能力的培养是顺应素质教育的需要，适应时代发展的需求。《课程标准》明确指出：培养学生的创新意识和实践能力，要通过教学培养学生的创造精神和创新能力。在教学中开展创新教育，目的在于培养学生的各种思维能力、应用知识的能力和实践能力以及创新精神。这既是时代对教育提出的要求，社会建设的现实需要，也是个人自我发展必备的素质和未来竞争的前提。因此，在课堂教学中探索和发展创新教育，将受到越来越多的教育者的重视和实践。作为教师，应充分认识培养创新能力具有的重要意义，肩负起在课堂教学中培养创新精神和创新人才的历史使命。

## 二、中学阶段是培养学生创新能力的关键时期

中学阶段是青少年成长的关键时期，学生心理和生理发育趋于成熟，具有一定的独立思考能力与判断能力，思想活跃，接纳信息量大，求知欲强，可塑性较大，为培养创新能力提供了心理和生理基础。在这一阶段，中学生还未形成自己的思维方式和解决问题的模式，知识迁移能力形成速度快，阻滞因素少，是培养创新能力的最佳时机。

目前，人们较多地责备我国高等教育培养出的创新人才少。殊不知，中学教育是大学教育的基础，许多进入大学的新生被中学的应试教育训练成"考试机器"，他们博闻识记者多，富于创新才能的少。而一些获得诺贝尔奖较多的国家的中小学就非常重视学生创新能力的培养。尽管我国中学生参加奥林匹克大赛屡屡获奖，我国科学家与诺贝尔奖却几十年无缘。我国参加奥林匹克竞赛的中学生选手是层层选拔，集中训练，由专业教师专门辅导，训练出的选手所向披靡，远胜其他国家选手一筹。而获得诺贝尔奖的科学家在探索未知世界时，则在走前人没有走过的道路，需要常人没有的创新能力。这一事实足以使我们认识到当前中等教育创新能力培养的极端重要性。

### 三、传统的教育观念，不利于创造力的培养和发展

传统的教学以传授知识为主，长期下来往往对知识仅仅知其然、不知其所以然，凭单纯的模仿解决问题，缺乏大胆想象、灵活运用、勇于探索的能力，已成为创新能力发展的障碍。创新教育最终目标就是培养和发展大胆创新、勇于探索的能力。因此，教师必须具有创新意识，转变教育观念，改变以知识传授为中心的教学思路，以培养学生的创新意识和创新能力为目标，从教学方式上大胆突破，确立创新教学原则，创造有利于学生主动求知的学习环境，充分挖掘学生的创新潜力，设计出最佳的教学途径，充分发挥学生主体作用，让学生自主探究，做学习的主人。

### 有创新能力的青少年的特征

世界各国都十分重视发现和培养具有创造能力的人才。他们制定出种种衡量标准和条件，综合国内外专家们的见解，认为下列 20 项标准反映了一个具有创新能力的青少年的特征：

1. 能精细地、专心地观察事物。

2. 具有敏锐的观察能力和发现问题的能力。

3. 说话、作文时能使用类比的方法。

4. 处理任何事物，除了一种方法外，能从多方面来探讨某事物发展的可能性；能不断地产生新的设想，甚至在游戏中也能产生新的设想和提出新方法。

5. 不仅注意设想，更乐于行动，能勤于动手画草图，做实验或制作等，使设想物化成实实在在的作品。

6. 敢于标新立异，思维活跃，心灵手巧，完成各种作业后有兴奋的表现。

7. 除了日常生活，平时都在探讨学问。

8. 在学习上有自己独特的方法、兴趣和研究课题。

9. 懂得何时应该以及如何才能够从不利于发展的死胡同中摆脱出

来；懂得怎样才能够节省有限的时间和精力。

10. 具有特殊的综合能力，看问题具有与常人不同的眼光，往往别出心裁。

11. 具有雄心壮志，愿意跟充满信心、洞察力强、热心执著的人一起工作。更愿意迎接各种挑战，对竞争充满必胜信心。

12. 具有独立性，也有独立工作能力，有时也好独自相处，往往与大多数人的意见不一致，但对自己的信念和愿望则常不放弃。

13. 具有好奇心，习惯于寻找事物的各种原因，好问"为什么""怎么回事"。

14. 敢于向权威提出挑战。

15. 从事创造性工作时，废寝忘食。

16. 不怕艰难险阻，在他们眼里每一个困难也就是一次成功的机会。

17. 富有热情，他们相信高涨的热情可以使一切成为可能。

18. 往往性情急躁，易受情绪或念头的支配。

19. 有信心、有勇气，做事持之以恒，并且知道如何合理地集中运用时间和精力达到预期的目标。

20. 不太受传统习惯势力的束缚，敢想、敢说、敢做，不被权威、名人所迷惑或吓倒，有一种"初生牛犊不怕虎"的创造精神。

你可以根据以上20个特征来衡量自己的创造能力。每一个特征完全达到为5分，完全没有为0分，处于中间水平为3分，稍强为4分，稍弱为2分，极弱为1分。20项满分为100分。

100～90分：创造能力非凡　　89～80分：创造能力很强

79～70分：创造能力强　　　　69～60分：创造能力一般

59～50分：创造能力较弱　　　49～40分：创造能力弱

39分以下：无创造能力

# 第二章　培养学生的创新能力

## 第一节　我国中小学生创新能力的现状

我们来看下面这个几年前在中央电视台少儿节目播出过的一首儿歌：

（一）

主持人唱：大雁为什么飞成一条线？

孩子们唱：因为它们怕回家迷路。

主持人唱：回答得不好！回答得不妙！

（二）

主持人唱：小猫咪为什么总爱舔爪子？

孩子们唱：因为它们没有抓到老鼠害羞了！

主持人唱：回答得不好！回答得不妙！

（三）

主持人唱：气球为什么飞上天？

孩子们唱：因为他们要捉小鸟去！

主持人唱：回答得不好！回答得不妙！

（四）

主持人唱：为什么吃饭时不能看书？

孩子们唱：因为会把书儿一起吃掉！

主持人唱：回答得不好！回答得不妙！

看完这段节目，我们不能不为孩子们不同寻常的想象力而惊讶！同时，我们又不得不扼腕叹息：多么可怕的大人！那一朵朵的奇妙的思维之花，却被我们成年人的理性掐掉了！

我国前教育部部长周济在第三届中外大学校长论坛上指出："在国

际上，中国大学的人才培养质量有着很好的声誉。……但同时必须看到，与创新型国家对人才的实际需求相对照，与国外高水平大学相比，我们所培养的人才的创新意识、创新精神和实践能力还需要极大加强，培养出的拔尖创新人才还严重不足。"我国学生的应试能力普遍较强，如在各类国际奥赛上几乎都取得了优异的成绩，数学奥赛等竞赛甚至常常连续几届蝉联冠军，但他们却普遍缺乏创新能力和创新精神。正如杨振宁所说，我国传统的教育观念重视钻研书本理论知识，提倡稳扎稳打，积累丰富的知识。在这样的教育方法和训练下的学生基本功扎实，善于考试，但难以自主创新。由于受到中国传统文化负面效应和长期应试教育体制的影响，中国学生形成了崇拜权威、不敢质疑、不愿冒尖的观念，缺乏勇于探索、求真务实和敢为人先的科学精神，从而严重束缚了自身的创新思维和创新能力的发展。

新西兰奥克兰大学校长斯图尔特麦卡钦教授认为："中国学生不但勤奋，而且聪明、有礼貌。但是他们不足的地方就在于缺乏挑战精神，他们似乎对教授、对权威有一种莫名的崇拜感，这对培养他们的创新思维是不利的。"瑞典皇家工学院的汉努特乌特教授也认为："中国留学生的勤奋给他留下了深刻印象，但不足的是他们往往更愿意个体学习，而不太适应小组讨论等各种形式的集体学习。"只有具备独立思考能力的学生，才敢于怀疑、勇于挑战。而学生的独立思考能力和创造性思维是在教育教学和各种实践活动的过程中形成并不断完善的。中国留学生普遍缺乏挑战精神和创新能力与我国各级教育特别是高等教育中创新教育的欠缺不无关系。

# 第二节 影响中小学生创新能力的因素与障碍

## 一、教育制度及教育观念的影响

（一）教育制度及考试、评价模式的影响

长期以来，我国的课程管理体制是全国统一的课程计划、教学大纲，教科书，地方和学校在课程管理上无权或权限很小，发挥余地不大。与这种课程管理体制相适应的课程评价制度尤其是升学考试制度，直接影响着学生创新性思维能力的培养。

当前教育模式要求学生各个科目都要齐头并进，不得偏科。实质上就是要求学生面面俱到，均衡发展，而人的精力有限，这么多的科目必须样样精通已使学生疲于奔命，哪还顾得上去发展自己的特长呢？这是单纯抓智育而轻视学生素质的全面发展。学校的美术、音乐等课程不受重视，有着丰富形象思维内容的语文、历史等课程，往往变成了单一的语言分析课。局限于对学生语言信息的加工贮存和进行集中思维、分析思维的训练，缺乏非语言材料的加工和进行表象思维、发散思维的教育训练。

而在考试形式上，为了提高考试的科学性与客观性，在题型上大力削减主观问答题，增加选择题，内容上知识性、概念性题多，应用性、发挥性题少。这实际上侧重的是考核学生的记忆能力，无形中助长了学生死记硬背的习气。考核方式全是笔答形式，缺乏甚至没有情景性、模拟性、实践性等灵活多样的考试形式，学生考试缺乏复杂认知成分的参与。其结果只能考学生的语言、记忆、逻辑思维能力，很少考学生的表象、直觉、发散思维能力。单一地发展了辐合思维，发散思维受到压抑，从长远看，遏制了学生的自主性与创新力的发展。

从评价激励标准上看依然是"高分即优"。教师在评价学生时普遍偏重于考分，分数高则是"尖子生""优等生"，分数低则为"差等生"。教师所喜欢的往往是那些在考试必考科目中全能获得高分的学生；而那些倾向于对绘画、音乐、舞蹈、操作技术、小发明表现出兴趣，但考试分数低一些的学生，则常常被认为是"不务正业"。因此，这种评价标准只能导致"高分学生"受到表扬激励，"低分学生"学习的积极性受到压制，从而使创造力发展受到限制。

（二）传统教育观念的影响

"中庸之道"是儒家思想的一种主张，循规蹈矩，墨守成规这种传统教育观念压抑个性的发展，成为创新性思维与创造性人才发育和成长的巨大障碍。一直以来，我国传统文化重人文伦理，轻创造发明；重孝顺、安分守己和长幼有序，轻自主独立、竞争与个性。这很大程度上孕育了国民循规蹈矩、安于现状的性格，在一定程度上压抑了人的原始生命冲动与创新的原动力。发展拓宽创新思维，传统观念会成为一种障碍。在传统观念的影响下，人

们往往会利用已有的经验，过早地做出判断，而把新构想的幼芽扼杀在摇篮里。

　　长期以来，由于"应试"的束缚，大家的手脚一直都放不开，为"考"而教，一切都得冲着标准答案来。当学生在课堂上提出一些所谓的"离奇古怪"的问题时，教师可能认为这个学生是"爱钻牛角尖"或者"爱捣乱"；当学生对老师的观点提出质疑时，教师可能认为学生"目无师长"，与自己过不去。教师的责任不是引导学生放开思维求新求异，而是希望学生整齐划一，唯书、唯上、唯命是从。有位哲人曾说过，教育既有培养创造精神的力量，也有压抑创造精神的力量。因此有人把"应试教育"称之为"庸才教育"。

　　**二、教师对创新能力培养的不当认识的影响**

　　教师是学生创新意识和创新能力培养的主要造就者，是进行创新教育的主要执行者。教师对创新教育的态度影响着学生创新培养的方向，其创新性思维能力影响着学生创新意识和创新思维能力的发展程度和水平。但是就教育教学现状看，在相当多教师的观念中，"师者，传道、授业、解惑也"的传统教育思想根深蒂固，于是教学过程固守于教师"照本宣科"、学生"照猫画虎"的模式，具体的教学形式和方

法更多的还是注入式、满堂灌等。学生只要不断重复别人的思想就可考及格甚至考高分，而发现问题解决问题的能力、动手操作能力、创造力等都没有得到正常的培养。不仅不能发展学生的创造力，反而窒息人的智能，阻碍创造思维花蕾的自由绽开。

有些教师认为创造发明仅是少数大科学家、发明家的事，故学校创新教育也仅对少数尖子学生进行，创新教育的形式也只是以课外兴趣小组的形式来进行。有了这种认识，自然也不会把创新教育落实到课堂教学中去，殊不知创新教育是面向全体学生的教育，而不是少数精英分子，只有有了这种正确的认识，才可能把创新教育落实到课堂教学中去。

有些教师认为创新教育仅仅是一种教育口号，只有升学才是学生的唯一出路，分数是教学的唯一目标。有了这种认识，也就不可能把创新教育落到实处。

有些教师认为学生的创造能力是天生的，无法通过后天的培养来改善和提高。这些教师过分夸大了先天素质的影响，忽视了后天努力对提高自身素质的作用。其实，人的先天素质为人的创新能力培养提供了基础，是能力培养的内因。只有通过后天的努力、后天的培养这些外部因素的作用，才能使人的素质得到提升，人的创新能力得到加强。

反思教育现状，应该承认的是，大多数教师只注重知识的传承，把书本上现成的知识比较准确地传授给学生，但忽视学生主动性的发挥，不去鼓励和引导学生个性发展。学生与生俱来的独立性、质疑性和创新性，在教学中不但得不到尊重和发展，而且被磨蚀得越来越少，使学生逐渐失去了创新意识和创新能力。

**三、学生主体的制约因素**

（一）缺乏信心，胆怯自卑

信心是一种可贵的创造活动的素质，创新最危险的敌人是胆怯。创造性活动是有风险的探索活动。在这一过程中，胆怯往往会磨灭想象力和独创精神，削弱人的质疑能力，使人容易迷信他人，迷信课本，迷信权威和专家，一味盲从，从而失去思维上的个性特征。

自卑感也是开发创造性、进行创新思维的一大障碍。自卑者怕失败，怕犯错误，怕自己的表现愚蠢，遭到别人的嘲讽，从而不敢尝试，不敢冒险，堵塞了创新性思维产生的源泉。它的存在使人看不到自己身上存在的创新潜力，看不到这种创新潜力有待于自己主动地去开发，也常常迫使人们只看到自己的短处或根本不知所长。

（二）思维单一，兴趣狭隘

思维如果缺乏训练，思维方式过于单一，则难以较快地在把握现象的基础上揭示出深蕴于现象之中的事物的本质、原理，要么以偏概全，要么舍本逐末，而且兴趣狭隘是很常见的创新思维障碍。从根本上说，创新的欲望并不是外力作用的结果，而只能来自于丰富多彩的生活。在一定条件下，好奇心和兴趣会直接转化为创新的冲动和内心的欲望，进而激发创新思维的产生。如果两者缺乏，这就必然降低思考的效率，要进行创新思维也就无从谈起。

以上分析了影响学生创新能力的种种因素，针对上述影响因素，教师在教学中应重视创新意识的渗透，改善教学方式，提高学生自身的素质，培养学生的创新能力。

# 第三节 培养学生创新能力的途径

## 一、教师本人要具有创新意识

《湖南宁乡教育》2007 年第 8 期：中国数学奥赛金牌获得者在赛后由大会组织的讨论会上提不出任何问题，而其他国家的学生却问题不断，甚至与专家讨论题目的漏洞……不少教育专家痛陈：中国的学生缺少创新、缺少求异思维的症结，教师普遍缺乏创新精神。

教育本身就是一个创新的过程，教师必须具有创新意识，改变以知识传授为中心的教学思路，以培养学生的创新意识和实践能力为目标，从教学思想到教学方式上，大胆突破，确立创新性教学原则。具体要求是：

（一）正确认识创新

我们都听过这样一个故事：一位老师出了这样一道题："雪化了是什么？"在我们来看，这个问题很简单，答案是"水"，然而孩子给出的答案却是："雪化了是春天"。这是一个令人惊喜的答案，但结果却被老师批评，因为孩子的回答偏离了规范。老师这样做只能会让孩子的思维变得"循规蹈矩"，失去想象力与创新能力。

每一个合乎情理的新发现、别出心裁的观察角度等等都是创新。一个人对于某一问题的解决是否有创新性，不在于这一问题及其解决是否别人提过，而关键在于这一问题及其解决对于这个人来说是否新颖。学生也可以创新，也必须有创新的能力。教师完全能够通过挖掘教材，高效地驾驭教材，把与时代发展相适应的新知识、新问题引入课堂，与教材内容有机结合，引导学生再去主动探究，让学生掌握更多的方法，了解更多的知识，培养学生创新能力的目的。

（二）酿造一个创造性思维的环境

赞可夫认为：要努力使学习充满无拘无束的气氛，使儿童和教师在课堂上能够自由地呼吸，如果不能造成这样良好的教学气氛，那么任何一种教学方法都不可能发挥作用。因此，在课堂教学中，教师首先要改变以往的"一言堂""老师问，学生答"的课堂形式，而把学习的主动权还给学生，充分发挥学生的主体作用，营造出民主、活跃的课堂氛围。为营造这种氛围，教师要做好六个字：微笑、点头、倾听。微笑代表了一种亲密的关系，是一种"我很喜欢你""我不讨厌你"的一种具体外在的表现，可以拉近教师与学生的距离。点头是一种肯定，是一种对学生的无声鼓励，教师通过眼神、姿态集中精神与学生沟通。

倾听是认真地听，教师通过仔细听及时捕捉学生的反馈信息，从而及时地给学生正确的引导。其次，教师还需走进学生的生活中，弯下腰来和学生做朋友，让学生能以朋友之心与你交谈，说出自己的喜怒哀乐。同时教师还要帮助学生排忧解难，让学生觉得教师可以信赖，以此增进师生的关系。鼓励学生自由地说出自己的观点，最终达到培养学生创造力的目的。

下面是一位老师的体会：

在教人美版小学美术第六册《吃虫草》一课中我是这样做的。导言之后让学生看了《吃肉的草》的录像片，使学生了解到：世界上有些植物，尽管靠叶片制造养分生存，但又要捕食昆虫或小动物来补充营养。美洲的瓶子草的捕虫袋内部很滑，昆虫容易一下子掉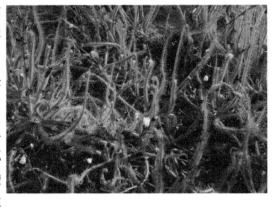
到底部；猪笼草叶片的顶尖长着捕虫袋，袋中装着液体，袋口有花蜜。昆虫来时一不小心就跌到里面淹死；捕蝇草能用1/5秒的速度把豆娘扣住，几天以后只剩下骨骼和翅膀……在对吃虫草有了初步了解基础上，教师启发学生："以往我们只知道虫子吃草，竟然草还能吃虫子，简直太神奇了。那你想怎样来画出更新颖、神奇的画呢？"有的说："要用各种吃虫草组成一幅美丽的画。"有的说："我要画吃虫草很凶，把一大群过往的蚂蚱吃光了。"有的说："我要画一些昆虫，有的手拿刀，有的手握枪，有的推着大炮与吃虫草搏斗。""好，那受吃虫子的草的启发，你还能画出其他方面的画吗？"有的同学说："我听说世上有一种老鼠能够吃掉猫，我就画老鼠吃猫行吗？""好！我就是要同学们展开丰富想象，敢于求新，独树一帜，把自己的想法大胆地表现出来，可以不拘泥于吃虫草。"由于这节课的影响，很多同学的思维受到启发，创新意识有很大提高。刘希冉同学画的《我教爸爸做眼保健操》发表于《小学生报》头版，朱静同学画的《我给爷爷讲太阳与月亮的故事》获得全国性儿童绘画比赛一等奖……

（三）教师应当充分地鼓励学生发现问题、提出问题、讨论问题、解决问题，通过质疑、解疑，让学生具备创新思维、创新个性、创新能力

培养学生对复杂问题的判断能力，在课堂教学中随时体现。设计一些复杂多变的问题，让学生自己的判断来加以解决，或用辩论形式训练学生的判断能力，使学生思维更具流畅性和敏捷性，发表出具有个性的见解。

比如在历史课堂上每一教学步骤都应多设信息沟，层层递进，教师根据一定的教学内容和历史资料，设计适量灵活性较大的思考题，让学生从同一材料或信息中探求不同答案，培养学生积极求异的思维能力。元末农民起义将领朱元璋建立政权，是封建王朝；毛泽东领导秋收起义后创建井冈山根据地，成立苏维埃。都是农民起义后建立的政权，性质为什么不一样？设计此类思考题，让学生进行讨论、争论、辩论，既调动了学生积极运用材料组织新的内容，又训练了他们从同一材料中探索不同答案的求异思维能力。

**二、培养和发展学生的创新兴趣**

（一）利用"学生渴求他们未知的、力所能及的问题"的心理，培养学生的创新兴趣

兴趣产生于思维，而思维又需要一定的知识基础。问题是学生想知道的，在教学中恰如其分地出示问题，问题难度高低适度，这样的问题会吸引学生，可以激发学生的认知矛盾，引起认知冲突，引发强烈的兴趣和求知欲，学生因兴趣而学，而思维，并提出新质疑，自觉地去解决，去创新。

比如一位老师在英语课堂上讲解过去进行时时，出示一幅图画，画中有一个男孩蹲在草地上观察一只蝴蝶，而旁边他的爸爸在放风筝。在出示图时我们可以先把这学生在干什么遮住一半，然后问："What was the child doing when his father was flying a kite?"那么这时同学们就会进行猜测并积极发言，从而给他们提供了发散思维的机会。

（二）合理满足学生好胜的心理，培养创新的兴趣

学生都有强烈的好胜心理，如果在学习中屡屡失败，会对他们从事的学习失去信心，教师创造合适的机会使学生感受成功的喜悦，对培养他们的创新能力是有必要的。比如：针对不同的群体开展几何图形设计大赛、数学笑话晚会、逻辑推理故事演说等等。展开想象的翅膀，发挥他们不同的特长，在活动中充分展示自我，找到生活与数学的结合点，感受自己胜利的喜悦心情，体会学习给他们带来成功的机会和快乐，培养创新的兴趣。

### 三、正确评价学生的创新

（一）分清学生错误行为是有意的，还是思维的结晶

学生在求知的过程中属于不成熟的个体，在探索中出现这样或那样的错误是难免的，也是允许的。教师不要急于评价，出示结论，而是要帮助他们弄清出现错误的原因，从而让他们以积极的态度去面对并且改正错误。作为教师，对发展中的个体要以辩证的态度，发展的眼光，实行多元化发展的评价。这样便从客观上保护了学生思维的积极性，促使学生以积极的态度投入到学习中去。

（二）多给学生一些鼓励，一些支持，对学生正确的行为或好的成绩表示赞许

教师应对学生正确的行为表示明确的赞扬，使学生明白老师对他们的评价，增强他们的自信心，使学生看到自己成功的希望。

### 四、突出家庭的非智力因素教学

家庭是学生的第一课堂。这一课堂的教学对培养学生的创新意识和创新能力至关重要。同时，我们也应该明确，家庭教学所承担的重点不在文化知识的传授，而在非智力因素的培养。

（一）种种误区

当今的家庭教育、教学活动呈现出许多误区，在一定意义上抵消甚至破坏了正常的教学秩序，严重影响了教育整体功能的发挥。

1. 温室太烫。家庭、社会、学校这三者，是一个学生从小到大的三个生活空间，彼此的"温度"要大致相宜，而且随着年龄的增长。温度也要随之下调，否则，孩子永远也长不大。家长不应表现得"心太软"，更不应"放任自流"，要为学生提供一个温暖而有约束的环境。

2. 方向太偏。家庭教育、教学活动的主要任务是学习兴趣和习惯的培养，学习意识和品格的形成。可是现在的很多家庭，却舍本逐末，把家庭学习活动仍定位在文化知识的传授和识记上。学生放学回家，家门不让出，不可以玩足球，不可以听音乐，不可以结交朋友，要么去课外班进行各个考试学科的辅导，要么家长从书店购来各种习题进行"题海战术"。

3. 目标太高。在家庭活动中，家长对学生目标的确定呈现着两种极端：一部分望子成龙，一部分视子如虫。这是教育分化的结果。望子成龙，是家长解不开的心结，高期望值是我国家长的普遍心态。但孩子是否能够成龙，则要取决于他们自身的条件和努力等诸多因素。家长只能帮助不能强迫，否则就会适得其反。

2012年2月7日，刚刚过完正月十五元宵节的第二天，一所名校的一名高二的学生成才（化名），在家中亲手杀死了自己的母亲。17岁的成才供述杀人动机时说："我可以不用学习了，不用压力那么大了。"2月22日，郑州市中原区人民检察院以涉嫌故意杀人罪将成才批准逮捕。

血淋淋的事实让我们家长明白了，他们忽视了一个作为父母最基本的追求：教子成人。

（二）内容定位

作为创新能力培养的重要方面，家庭教育应把教育重点定位于兴趣、习惯、意志、品质等非智力因素上。

"爸爸，为什么鸡蛋都是椭圆形的，为什么没有方形的鸡蛋呢？"

"妈妈，我是从你的肚脐眼儿里生出来的吗？小牛有肚脐眼儿吗？"

你看，儿童的想象力多么丰富啊！说不定在这些优秀的发问里，萌发着重大的创新之芽呢！瓦特的万能蒸汽机，牛顿的万有引力，不就是从壶盖的掀动和苹果的落地而引发的创造发明吗！聪明的家长对孩子丰富的想象力和创新精神，总是给予肯定、呵护和支持的。

1877年冬天，一场大雪降落在美国的代顿地区，城郊的山冈上到处是白茫茫一片。一群孩子来到堆着厚厚白雪的山坡上，乘着自制的爬犁飞快地向下滑去。在他们后面，有两个男孩静静地站着，眼睁睁地看着欢快的爬犁从上而下滑下。

一个孩子撅着嘴说道："哥哥，我们自己动手做吧！"被称做哥哥的男孩一听，顿时笑了起来，愉快地点头。

这弟兄两个从小就喜欢摆弄一些玩意，经常在一起做各种各样的游戏。他们的爷爷是个制作车轮的工匠，屋里有各种各样的工具，弟兄两个把那里当做他们的乐园。时间一长，他们就模仿着制作一些小玩具。因此，弟兄两个决定，这次要做架爬犁，拉到山坡上与同伴们比赛。当天晚上，弟兄俩就把这种想法告诉了妈妈。妈妈一听，非常高兴地说道："好，咱们共同来做吧！"

于是，弟兄俩跑到爷爷的工作房里，找到很多木条和工具，不假思索就干了起来。同妈妈先一起设计图样。妈妈首先量了兄弟俩身体的尺寸，然后画出一个很矮的爬犁。过了一天，兄弟俩的矮爬犁做成了。

这弟兄两个就是莱特兄弟，大的叫威尔伯，小的便是奥维尔。

1908年9月10日，弟弟奥维尔驾驶着他们的飞机，在一片欢呼声中，在马达的轰鸣声中飞向天空，两支长长的机翼从空中划过，恰似一只展翅飞翔的雄鹰。

1908年，莱特兄弟在政府的支持下，创办了一家飞行公司，同时开办了飞行学校，从这以后，飞机成了人们又一项先进的运输工具。

（三）讲究方法

1. 家长辅导是必要的，重点在学习习惯上的培养。中小学生正处在学习习惯的形成阶段。他们年龄小，自觉性差，知识底子薄，学习经验少，学习困难多，因此家长的责任就是要帮助孩子缩短这个学习的"预热期"，迅速进入学习状态。

2. 情感投入不可太多。有的家长辅导学习，从摆凳子，削铅笔，一直到收拾书包，成了孩子的"仆人"。事实上，学习过程是一个综合训练过程。孩子既要学习知识，又要进行行为意识训练，还要开发智力。家长情感投入太多，势必使学生产生严重的依赖性，削弱对创新能力和独立人格的培养。

3. 鼓励独立思考与创新。学生学习的过程就是一个分析问题解决问题的过程，离开学校和老师回到家里学习，为学生的独立学习创造了良好的条件。家长可以在一旁做一做"场外指导"，千万不要在孩子做作业时，有问必答，不论难易。而应该启发孩子去独立思考，寻求解决问题的方法。

**五、全面开发社会实践教学**

社会，具有丰富的教学内涵，作为学校教育的补充课堂是大家公认的。归纳起来大致有以下几个方面：

1. 自然风光。如名山大川，如画景观等。

2. 人文精神。如伦理、道德、宗教、文化等。

3. 科学技术。如科学和技术的应用与发展。

4. 经济活动。如工业、农业、商业、金融、证券等。

5. 民主政治。如社会民主与法治、政治与军事等。

6. 现代生活。如人们的物质生活与精神生活等。

以上所列的六个方面，是与中小学生乃至大学生生活联系较为密切的内容。学校、社会、家庭三方面要尽可能配合行动，为青少年提供有效服务，让学生在认识社会、参与社会、服务社会的实践活动中，发展创新精神与实践能力。

在英国亚皮丹博物馆中，有两幅引人注目的藏画。一幅是人体血液循环图，一幅是人体骨骼图。这是当年一名叫约翰的小学生的作品。在上小学的时候，有一天，他突然想亲眼看看狗的内脏是怎样的，于是和几个同学偷偷地套住一条狗将其杀死后，把内脏一件件地分割、观察。谁知这条狗是校长家的，为此，校长很恼火，心想：这真是无法无天。再说，被狗咬了怎么办？不加惩罚，绝对不行。很快，校长的处罚决定出来了：罚约翰画一幅人体骨骼图和一幅血液循环图，约翰甘愿受罚，他非常认真地画了两幅图交给老师。校长和老师看后都觉得他画得很好，对错误的认识也比较诚恳，杀狗的事就这么结束了。以后约翰更加发奋致力于解剖学的研究，终于成为一名著名的解剖专家。约翰后来的成功虽然取决于他自身的努力，但谁能排除正是校长一片苦心为他提供了探索前进的动力呢？

小孩子由于生活阅历和知识限制，许多好奇心和想象力在成人看来难免幼稚可笑，有些举动还可能带有破坏性和危险性。在这种情况下，如果采取粗暴呵斥的态度，则极有可能会扼杀孩子们的创造潜能。

这种宽容孩子过错，呵护和引导孩子创新意识和探索精神的做法，无疑是我们的一面镜子。

更令人钦佩的是，这位有头脑的校长，还将约翰的作品推荐给英国亚皮丹博物馆收藏，使之成为英国学生的教材。这一举动，其意义远远超过"作品"本身，具有深刻的社会教学价值。

由此，我们可以看到，与国外比较，我国青少年的社会实践活动，普遍存在着成人化、说教式的毛病，不生动、不具体、可操作性不强，教学效果也可想而知了。

　　社会作为一个开放的系统，教学内容既丰富多彩，又良莠混杂。这就要求我们的老师和家长，一方面开笼放雀，让学生们到社会上去长见识，长本领；另一方面要适时给予指导，培养其批判的精神。

# 第四节　培养学生创新能力的对策

　　青少年创新能力的培养重点应该以大、中、小学生为主进行。青少年学生是具有创新潜能的，只要采取合适的方法，他们的创新能力是可以大幅度提高的。针对目前青少年学生创新意识不足、创新能力不强的特点，可从以下五个方面对青少年学生创新能力的培养加以探索和尝试。

## 一、尊重学生的个性发展与创造精神

　　我们不能把学生看做消极的被管理对象，也不能把学生当做灌输知识的容器，而要把每个学生看做具有创造潜能的个体、具有丰富个性的个体。学校要重视学生的个性差异，注重学生的个性发展。否则，若各个环节管理过死，学生就会完全处于被动状态，个性得不到尊重和发展，就谈不上培养学生的创造精神和创新能力。为此，应该改革传统的教育教学管理体制，例如，可以实行学习过程多元化的管理模式，允许大学未毕业的学生进行自主创业，为他们保留一定时间的学籍，激励那些敢于创新的学生脱颖而出。

## 二、营造校园创新环境与创新氛围

　　学校创新环境的建设是创新人才培养的必要条件，要把大、中学校创新环境的建设放在学校工作的重要位置。大学里应该充分利用第二课堂，定期举办各种学术讲座、学术沙龙和大学生科技报告会，出版大学生论文集，鼓励学生积极参加学术活动，对于不同领域的知识有一个大体的涉猎，进行不同学科之间的交流，从而学习他人如何创造性地解决问题的思维和方法，以强化自身创新意识；鼓励学生大胆创新，可以让他们参加教师的科研课题，也可以由学生自拟题目，由学校选派教师指导，并对学生的科研课题进行定期检查和鉴定，这样可以培养学生的创新毅力和责任心，拓展学生的视野，有效发挥他们的创造才能；建立激励竞争机制，举办各种形式的竞赛活动，对在创新方面成绩突出的学生进行表彰和奖励，对获得国家级或省（部）级创新成果的学生，应按相关规定给予多方照顾或优待。

### 三、构建合理的课程体系、开设专门的创新课程

创造能力来源于扎实的基础知识和良好的素质，仅仅掌握单一的专业知识是不够的。因此，加强学生基础教育的内涵更新和外延拓展，构建合理的课程体系就显得非常重要。大学教育中要注重文、理渗透，我们可以对文科学生开设部分自然科学课程，对理科学生适当加强人文学科课程的教育，使文理学科之间相互渗透。改变专业划分过细、学生知识面狭窄的现状，实行大学科、大专业教育，使课程之间互相渗透，打破明显的课程界限。中、小学校可适当安排一些创新课程，引导学生增强创新意识，培养创新兴趣。大学要增加选修课的比重，允许学生跨系、跨专业选修课程，使学生依托一个专业，着眼于综合性较强的跨学科训练。这不仅可以优化学生的知识结构，为以后在某个专业深造做好准备，同时也有利于发展学生的特殊兴趣，使之能够学有所长，以便增强创新的积极性。要开设一系列专门的创新课程，这些课程都是从某一学科如思维科学或心理学、方法论的角度来探讨创造性思维的问题。在这方面，我们主要是有重点地教给学生们一些最基本的科研和创新方法，诸如如何选题；如何搜集、分析、整理资料；如何提炼论点（观点）；如何谋篇布局、安排论文结构；如何论证阐述；如何修改文稿，了解论文的书写格式和规范等等。同时有意识地给学生布置一些综合性大作业或小论文，对学生进行一些科研创新的基本训练，教师再加以必要的指导，使学生初步掌握科研创新的方法和途径。广大学生通过科研创新实践的磨炼，科研创新的能力和水平都会有显著的提高。

### 四、改进教学方法、转变培养模式

兴趣是最好的老师。学生如果对所学知识产生了研究创新的浓厚

兴趣，他们就会产生强烈的求知欲，就会如饥似渴地去学习和钻研。因此，千方百计、想方设法地去调动和激发学生对科研创新的兴趣，是教师在课堂教学中首先要解决的问题，这也就需要教师不断改进和优化教学方法。要把过去以"教师单方面讲授"为主的教学方式转变为启发"学生对知识的主动追求"上来。积极实践启发式和讨论式教学，激发学生独立思考和创新的意识，培养他们在自主的基础上增强创新能力，切实提高教学质量。让学生感受、理解知识产生和发展的过程，培养学生的科学精神和创新思维习惯。积极创造条件，让学生积极参与教学过程，以使学生从被动学习转变为主动学习。要充分调动学生学习的自觉性和积极性，使其思维活跃，善于动脑筋，能够解决各种问题。在教学方式上，根据"可接受原则"，选择真正适合学生的教材，着重培养学生获取、运用、创造知识的意识和能力。教师应该努力挖掘每一个学生的潜能，培养学生的创新意识，激发学生的创造积极性。

改进考试方式。传统的课堂教学重视的是对已有知识的传授，学生只有靠平时死记硬背式的知识积累才能顺利通过考试。这样的考试方式显然不利于学生创新能力的培养，这就要求我们改革传统的考试方式。新的考试模式不仅要考查学生对知识的掌握，更要考查学生创造性地分析问题、解决问题的能力，以此培养学生的创新意识和创新能力。在考试方式上，我们可以进行适量的开卷考试。考试时允许学生带课本、笔记等资料，允许学生发表不同的见解，对那些有创造性见解的答卷要给予鼓励，力争把学生的精力引导到对问题的分析和解决上来。有些课程也可以用综合性大作业和专题小论文的方式取代传统的闭卷考试方式，放宽对考试时间的限制，以便于他们搜集资料，对有关问题做较为深入的探讨和研究。在考试内容方面，我们要尽量减少试卷中有关基础知识和基本理论方面需要死记硬背的内容，尽可能地安排一些没有统一标准答案的探讨性问题，需要学生经过充分而深入的思考才能够做出解答；或是安排一些综合性较强的问题，需要学生运用所学理论知识经过反复、仔细地分析思考才能做出回答。这有利于培养学生的创造性思维和创造能力，并对他们起到一种重要的导向作用。

# 第五节　培养学生创新能力的原则

所谓原则，是以客观规律为基础的、用以指导人们从事某项活动的基本准则。学生创新能力的培养是新时期我国教育改革与发展的重要目标，也是一项长期、复杂的系统工程，依据教育教学规律，我们认为培养和提高学生的创新能力应注意遵循以下几个原则：

## 一、个性化原则

每个人都是一个特殊的不同于他人的现实存在。如果按一个固定、封闭、僵化的模式来对待、教育、培养一个个活生生的不同的人，"教育机器"就只能产出"标准化"的产品，容易误入"歧途"。从某种意义上说，个性化就是创造性的代名词，没有个性，就没有创造。因此，培养青少年创新能力必须遵循个性化的原则，因材施教，重在激发青少年的主动性和独创性，培养其自主的意识、独立的人格和批判的精神。

确立教育的个性化原则，首先要走出思想认识上的误区。要从"将全面发展理解为平均发展"的误区中解放出来，正确理解马克思关于全面发展的理论；要从"对教育平等"的错误理解中摆脱出来，承认差异，发展差异，鼓励竞争，鼓励冒尖，不求全才，允许偏才、奇才、怪才的生存与发展。其次是要从小强化和培养青少年的自主意识和独立人格。家长和教师要彻底改变"听话就是好孩子、好学生"的陈腐观念，以民主平等的态度对待孩子和学生，鼓励他们大胆质疑，逢事多问一个"为什么""怎么样"，自己拿主意，自己作决定，不依附、不盲从，引导和保护他们的好奇心、自信心、冒险心、想象力和表达欲，使他们逐步养成自主、进取、勇敢和独立的人格。第三是要因材施教。所谓因材施教，就是要针对学生个人的能力、性格、志趣等具体情况施行不同的教育。教师要坚决破除"以分数论英雄"的观念，打破所谓"好生"与"差生"之分，善于欣赏每一个学生的优点和长处，绝不能用同一把尺子来量不同的学生，搞教育歧视。教师还要善于激发学生的求知欲和创造欲，鼓励学生大胆发言，勤思考、多讨论，在所有的环节中把批判能力、创新性思维和多样性教给学生，培养学生的创新精神，努力创造一种宽松、自由、民主的"教学相长"的良好氛围。

## 二、层次性原则

心理学表明，青少年学生的认识规律一般是由形象到抽象，由感性认识到理性认识，由浅入深、拾级而上、逐步提高的。因此，在创新思维教学或训练中，要讲究教学或训练的梯度，一层一层地深入，一层一层地开放。如在数学课堂教学"商不变性质"时，教师先出示填空题："$126÷6=□÷3$，$180÷36=20÷□$"让学生训练。再出示："$□÷12=□÷4$"，学生基本能沿着倍数关系逐渐递增地填出答案，如"$24÷12=8÷4$，$36÷12=12÷4$"等，随后教师提出：如果第一个□填 60，第二个□该填几？有些学生能填出空格：因为"$60÷12=5$，$4×5=20$"，所以第二个□应填 20。对原题学生能填出另一些答案，如"$15÷12=5÷4$，$18÷12=6÷4$"等。这时再出示一道创新思维训练题："$450÷18=□÷□=□÷□……$"让学生发挥，并问："谁能填出最多的答案？"

## 三、灵活性原则

灵活性原则是培养学生创新思维、创新本领的主渠道。教师在课堂上所采用的教学方法愈灵活、愈有创新，学生创新思维、创新本领愈能得到培养。如：有学习相遇应用题时，教师对教材例题进行灵活处理（删掉两人行走结果），使之变成一道创新思维例题："甲乙两人同时从对面走来，甲每分钟走 52 米，乙每分钟走 48 米，两人走了 10 分钟，两地相距多少米？"学生发现此题两人行走的结果不明确，无法解答。于是出现了三种情况：相遇（列式：$52×10+48×10$），相距而未相遇（若相距 60 米，列式：$52×10+48×10+60$），相离即相遇后又相距（若相离 60 米，列式：$52×10+48×10-60$）。这样，通过对例题教法和习题解法的改革，把数学问题与实际生活问题联系起来，培养学生灵活地运用数学知识解决实际问题的能力。

## 四、求异性原则

求异是创新的灵魂。因此，在教学中，教师应高度重视学生求异思维的培养，特别是课堂上要注意培养学生全方位、多角度地思考问题，设法引导学生敢于突破常规去寻求多种解题思路的策略。如小学数学教授"一位小数的认识"时，设计一道求异思维训练题："先出示 4 张面额不同的人民币（如：2 元、5 元、1 元、5 角）让学生任意取出数张，并编制能改写成以元为单位的一位小数训练题，比比谁的编法多。"在问题的刺激下，大部分学生能按排序规律编出不同训练题。显然，由几元改写成以元为单位一位小数（如：$2 元 = 2.0 元$）的编法更富有创意。

## 五、实践性原则

实践是人所特有的对象性活动，是人类的存在方式。个人的能力包括创新能力都是在社会实践过程中形成和发展起来的。培养青少年创新能力，无论是培养的目的、途径，还是最终结果，都离不开实践。遵循实践性原则，就是坚持马克思主义的教育观和人才观，坚持创新是一种创造性的实践，坚持以实践作为检验和评价青少年创新能力的唯一标准。启迪和培养儿童的创造力，必须在儿童的家庭和学校生活里提供实践的机会，设法使富有创造性的环境变成儿童整个生活的背景，教育和引导他们在"五自"（自学、自理、自护、自律、自强）和"三学"（学会自理、学会服务、学会创造）的过程中突出学习创新，积极参与小设计、小创作、小发明、小改革、小探索等实践活动，培养他们动脑动手能力。要通过深化"挑战杯"科技创新活动和"三下乡""大学生社区援助"等社会实践活动，培养大中学生的创新意识，提高他们的创新能力。要通过实施"中国青年创业行动"和"中国青年科技创新行动"，培养广大青年敢于探索、勇于创造的精神，在科技兴国的伟大实践中发挥积极作用，不断提高知识创新和技术创新能力。

# 第三章 文科课程中培养学生创新能力的方法

## 第一节 文科的教学实际与创新能力教育的差距

建立在中华两千多年文化基础之上的传统教育理论和教学思想有其科学、合理的一面，但在知识经济的时代，从培养人的创新意识与创新能力这个层面来思考，传统教育的思想和方法的许多方面已成为新时代束缚人的创造力的桎梏，成为我们实施素质教育、培养学生创新能力的障碍。

### 一、个性化教育与批量加工式教育的矛盾

我国的传统教育尤其是基础阶段的文科教育讲究文以载道，文道结合，讲究基础知识的记忆，主要理论的掌握，忽视受教育者对前人所创知识的情感体验和批判态度。我们知道，批判是创新的前提，但是我们文科教学主要进行的是集中统一的现有知识的传授。教师传授的知识，前人已有的结论，学生是不容怀疑的，只能全盘接受。有一位小学语文老师在教《蝙蝠与雷达》这一课时，在教完生词、词组后列了几个课文知识的重点、难点，其中有一个重点是："蝙蝠夜间飞行靠什么来辨别食物和方向？"书上的答案是靠嘴和耳朵。有学生提出问题："那么蝙蝠的眼睛是做什么用的呢？为什么蝙蝠夜间不靠眼睛飞行呢？"这本来是学生独立思维的智慧火花，教师应加以鼓励，可这位老师却武断地掐灭了这善良的火花，愠怒地说："你操什么闲心，书上不是已经告诉你了吗？照书上的答案记住了就行了。"其实，遇到这种带

有独创思维的问题，教师应该抓住这个时机，热情鼓励。如果教师对这个问题没有弄清楚也没有关系，可以坦率地告诉学生自己对这个问题也没有认真地思考，大家一起去问问别人，或者一起去查一查有关的资料。对学生的批判思维、独创个性、求知探索欲望的保护与培养比单纯地记住书上结论的意义不知深远多少倍。人们常说，教学要讲究科学性和艺术性的结合，何为教学的科学性和艺术性？保护学生的独立思考，探索精神，激发学生的学习兴趣，保持学生旺盛的求知欲望就是科学性和艺术性。

**二、学生主体、学习主体与教师中心、教材中心的冲撞**

我国传统的文科教师讲究师道尊严，教师要传道、授业、解惑，讲究学生对教师和教材的从属与服从。在教学实践中，教师满堂讲，学生满堂听、满堂记的课堂组织模式大行其道。老师习惯于一支粉笔（书面语）一张嘴（口头语），向学生输入经老师压缩的所谓知识，即使是如《荷塘月色》《绿》这样优美的散文，学生学到的也不过是结构、中心思想、段落大意、词语和知识解释。文章中优美的难以言传的意境，深刻的人文思想，学生却极少有机会观察、揣摩、思考、体验。长此以往，学生养成了懒散的习惯，依赖老师的讲解，依赖教科书已有的答案，从而成为了没有一丝主见的"书虫子""应试机器"。这种方法训练出来的学生，独立个性没有得到全面、健康的发展，只会去做那些别人已经做过的事。没有个性就没有独创性，没有独创性怎么会有独辟蹊径的创造？

**三、工匠技能式训练与创新能力的抵触**

我们传统的教育思想和教学方法中，往往模糊知识与智能、技能训练与创新能力培养的界限，以为知识积累越多，智力水平就越高，技能训练就越强，学生就越有创新能力。尤其是在教学改革呼声日高的今天，有的学校在改革中提出"训练主线"的教学模式，认为这是改革"教授式"教学模式的有效药方。于是乎，知识要点题目化，知识难点问题化的教学方案大有市场，各种层次、各种技巧、各种角度的训练题铺天盖地而来，让学生在考试前接触到各种类型的解题模式变成了教师教学的目标。这种貌似灵活多变，实则禁锢学生思维的所谓改革实际上仍是急功近利的应试教育的翻版，与创新能力的培养是南辕北辙、风马牛不相及的。它只能让学生在较短的时间里很快地熟悉各种解题的技巧，但与学生的思维独创性、批判性和创新能力的培养与生长是没有多大关系的。

## 四、环境氛围与创新教育目标的不协调

在我们的传统教育中，课堂教学是完成教学任务、实现教育目标的重要途径，有的地方甚至是唯一途径，而对学生创新意识的形成所需要的环境氛围的认识远远不足。因此，还谈不上主动自觉地创造和利用有助于创新教育目标达成的环境氛围。那么，什么是创新教育所需要的环境氛围呢？现代教育心理学研究的结果表明，心理安全和心理自由是两个最为重要的条件。心理安全是指在学校教育环境中，学生发表不同常规的独特见解，表现与众不同的个人兴趣和爱好，不同凡俗的生活习惯与生活方式，而不受压制与谴责；心理自由是指学生有对现成结论提出质疑，有发表自己独特的内心感受的自由，允许学生发表自己独特的内心感受，允许学生发表超越常规的见解，甚至是错误见解的自由。这就要求我们的教育有更大的文化包容性，学校和教师有更宽广的胸怀，不将自己的见解和观点强加给学生，不用自己的所谓正统观念去压制学生的思想，规范学生的行为。由此可以看出，凡是实现和保障受教育者心理安全和心理自由的环境，就是有利于创新意识培养的环境。从这个意义上来说，学生的创新意识与创新能力是学校和老师培养出来的，而不是教出来的。但在我们的传统教学观念中却处处存在着威胁学生心理安全和心理自由的观念和言行。在传统的教育观念中，学校教师对学生行为的赞同往往是无条件顺从的，而在一些言行上表现出独特和偏离常规的学生往往是不允许的。在学

校强大的规则下，我们的校园走出的是一个个静若泥塑、稳如木雕、没有个性的标准人。学生的创新意识就是在这种绝对化和统一化的环境中枯萎的。陶行知先生早在20世纪20～30年代就对中国的教育观念有过精辟的描述：中国对于孩子一直是不许动手，动手就要打手心，往往因此摧残了儿童的创造力。看来，创新教育的任务之一就是以学生的心理安全和心理自由为核心，改造我们的传统观念和传统方法，努力营造适宜学生健康人格、健康心理的形成，个性健康的成长，进而有利于学生创新意识的形成和发展的环境氛围。

# 第二节　语文课程中培养学生创新能力的方法

　　语文是人们学习和掌握各门知识的基础学科，语文教学的质量和效益直接影响着经济建设和国民素质。多年来，语文教育在应试教育的影响下，走入了误区，教师照本宣科，画地为牢，教得死，学生学得死，学生按照老师设定的教学路子走，很少有思维和想象的时间和空间，也很少看到老师在课堂上鼓励那些有创造思维的学生。如今，新课标提出了要培养学生的创新精神和实践能力，这为深化小学语文学科的教学改革做出了明确的指示，全国教育工作者都应朝着这盏指明灯勇往直前，把学生培养成为一个独立的个体，培养成善于发现和认识有意义的新知识、新事物、新方法，掌握相应的实践能力的创新型人才。下面，结合语文教学，谈谈培养学生创新素质的一些做法。

**一、发挥语文教材蕴涵的创新教育因素，培养学生的创新精神**

　　创新意识是创新的动力源泉，没有创新意识就没有创新。创新意识主要是由好奇心、求知欲、怀疑感、批判精神等因素组成，它们相互联系、相互促进。在语文教学中，教师应充分挖掘教材所蕴涵的创新教育素材，鼓励、启发、诱导学生多提问、多质疑，使好奇心升华为求知欲。如在学习《蓝树叶》一课时，我们可以从学生的生活实际入手，问一问学生见过的树叶有什么颜色，当学生回答树叶有"红""黄""绿"几种颜色后，板书课题：蓝树叶。在"蓝"字下加一个着重号"．"，以唤起学生学习课文的兴趣和好奇心，促使他们到课文中去寻找答案。

创造的起点是从问题开始的，拥有创新能力的人必然要有质疑精神。尤其是在语文教学中那些重在实际运用的知识，那些文化背景观念，个人对社会现象的管理等方面的内容，应允许学生大胆质疑。对那些偏离常规，具有独特的感受和鲜明异议的个人观点，有些甚至是教师不好回答或者与教师的本人观点相左的观点，教师应予以鼓励和保护。语文教师应确立一种观念，只要学生动脑筋思考，大胆质疑，不管你思考的结论是否与课本上一致，是否与人们通常的看法一致，甚至不论结论是否正确，都应予以鼓励。

我国著名数学家祖冲之用绳子绕车轮一周，折成相等的三折，发现每段比圆轮的直径要长，因而对《周髀算经》中"径一周三"的定论产生了怀疑，终于得出了世界上最早精确到七位数的圆周率。正是由这种怀疑和挑战的精神才产生了伟大的发现。在语文教学中，对学生创新能力的培养离不开对学生质疑精神的培养。如在学习《春晓》一课，在自学的基础上，要求设问质疑，把不理解的字词或疑问提出来，这时课堂气氛一下活跃起来。经过归纳，学生提出两个很有价值的问题：（1）"春眠不觉晓"，说明睡得很香，那么究竟是早上睡得香，还是晚上睡得香呢？（2）"花落知多少"，知，是知道的意思，那么作者到底是知道呢，还是不知道呢？老师让大家都谈谈自己的看法，并且要从课文中找出充分的理由，有效提高了质疑精神和思维的深刻性。

创新能力与人的个性品质之间有着十分密切的关系，尤其是创新个性决定了人们能否自觉增强、提高和有效发挥创新精神和创新能力。在众多人格特性中，自信心、探索欲、挑战性、独立性和意志力是创新个性的核心品质。在语文教学中，我们要发挥语文学科的综合功能，培养学生创新品质。

**二、发挥语文学科功能，培养学生创新能力**

（一）在语文教学中培养创造性、想象力

爱因斯坦说过，"想象力比知识更重要，因为知识是有限的，而想象力概括着世界上的一切，推动着进步，并且是知识进化的源泉。"想象是一种立足现实而又跨越时空的思维，它能结合以往的知识和经验，在头脑中形成创造性的新形象，把观念的东西形象化，把形象的东西丰富化，从而使创造活动顺利展开。在想象的天空中自由翱翔，学生可以打开思维的闸门，从一个思路跳到另一个思路，从一个意境跳到另一个意境，由一人一事想到多人多事，从花草树木想到飞禽走兽，使狭小单薄的扩大充盈，使互不相连的聚合粘连。

想象力如此重要，那如何在语文教学中培养学生的想象力呢？

首先，丰富学生表象，积累想象素材。在教学时充分利用教材、教学图片、实物以及学生的情感体验来发展学生的观察力，当他们积累了比较丰富的表象之后，想象力便会逐步得到发展。观察是认识事物的基础，观察能力是发展学生想象能力、直觉思维的基础，也是创新思维不可或缺的一种智能，因此，语文学科教学应从培养学生的观察能力入手，培养学生的观察习惯，指导学生观察的方法，充分利用语文学科表象丰富的特点，利用图片、实物、影像资料，与文章有关的景物如风霜雷电、花虫鸟语、人情风俗等来指导学生观察，并将观察的内容用于对学习内容的体验与理解上。

其次，发展学生思维，提供想象的基础。在语文教学中，我们应充分利用教材自身的创造性因素，着重引导学生进行思维训练，培养学生创造思维能力。如在学习《坐井观天》一课时，当学生领会了课文的寓意后，从一个新的角度提出问题激励学生展开想象："青蛙听了小鸟的话，真的跳出了井口，它会看到什么呢？"顿时，学生的思维活跃起来，他们纷纷举手，有的说："青蛙跳出了井口，看到外面的世界真的很大很大，知道自己是错了，小鸟说的是对的。"有的说："青蛙看到秋天的景色真美，高高的蓝天上飘着朵朵白云。"……我们要对孩子们丰富的想象力给予赞扬，并建议他们把刚才想的写成一段话念给大家听，他们的积极性就更高了。

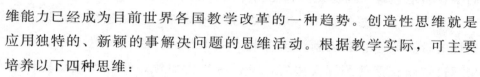

（二）在语文教学中培养创造性思维

"为创造性而教"，培养学生的创造性思维能力已经成为目前世界各国教学改革的一种趋势。创造性思维就是应用独特的、新颖的事解决问题的思维活动。根据教学实际，可主要培养以下四种思维：

1. 培养发散思维能力，增强思维的灵活性。发散思维能力是创造性思维中十分重要的一种能力。在语文教学中，让学生针对一件事提出几种不同的处理办法，可以训练发散思维，培养思维的灵活性。例如，学习《狐狸和乌鸦》一课，设计了这样一个问题："乌鸦嘴里的肉被狐狸骗走了，它接下去会怎样做呢？每个学生至少要替乌鸦想出两种做法。"学生一下子就活跃起来，想出了许多办法，大家的思维都得到了训练。

2. 发展逆向思维能力，增强思维的深刻性。逆向思维由于朝着与人们思维习惯相反的方向思考问题，因而它容易获得与众不同的理解和答案。在语文教学中，将教材里的因果关系颠倒，引导学生由果溯因，进行逆向思维，可以加深对课文内容的理解，思维的深刻性得到培养和训练。例如，在学生理解了《草船借箭》的内容后，让学生想一想："诸葛亮果真在三天之内造出了十万支箭，以后周瑜对他的态度会不会改变呢？"这样，引导学生由果溯因，可以活跃思维，提高创新能力。

3. 发展形象思维能力，培养学生的观察力。形象思维在创造性思维中占有十分重要的地位。在语文教学中，可利用实物、板书、幻灯、挂图、录像、电脑等直观演示，来帮助学生理解课文内容，是训练形象思维的有效手段。同时，学生在观看中观察力也得到了增强。例如，学习《乌鸦喝水》一课时，教师在一个杯子里装了少半杯水，把盛了水的杯子放在讲桌上，让一个个子不高的学生把手伸进杯子试一试，够不到水，老师让他们把桌上的小石子放进杯里一些，水位升高了，这个同学再把手伸进杯子，水没过了他的手指。通过这一演示，学生们很容易地理解了乌鸦是多么聪明，同时形象思维得到了发展。

4. 发展直觉思维能力，培养思维的敏捷性。直觉思维直接性、快速性的特点，使它在创新活动中起着关键作用。在语文教学中，让学生通过课题直接猜测课文内容，是训练直觉思维，培养思维敏捷性的有效做法。在学习《达尔文和小松鼠》时，学生齐读课题后，教师要求学生马上猜测文章的内容是什么。学生凭直觉做出猜测，有的说："这篇课文讲的是达尔文和小松鼠交朋友的事。"有的说："这篇课文讲的是达尔文饲养小松鼠的事。"还有的说……教师不马上对学生的猜测内容作出判断，而是让学生通过自读课文来了解内容。

### 三、抓好课堂教学，培养创新意识

在过去的传统教学中，教师采用灌输式的教学方法，教师认为，学生只有听的权力。现代教育不同，提倡课堂民主。因为，宽松、和谐、民主、生动活泼的教学氛围能使学生产生自觉参与其中的欲望，激起他们学习的兴趣，最大限度地调动学生学习的内在驱动力，激发探索未知的欲望，从而诱发他们的创新意识。教师在组织教学时，必须充分发挥教师的主导作用，充分发挥语文学科的人文素养，精心设置导语，创设情境，用准确生动、幽默风趣的语言，唤起学生的求知欲，唤起学生的相应情感。教师在讲课过程中要以"微笑、点头、专心听他说"来和学生沟通，以构建教学双方相互尊重、相互信任、相互理解的新型、民主的合作关系，从而营造出一个良好的学习环境。

在这种民主、愉悦、和谐的气氛中，学生就会敢于质疑，提出新见解。尤其当他们的观点、看法得到老师的肯定时，更能激起他们的创新热情和学习激情。所以，要培养学生的创造性思维，培养他们发现问题和解决问题的能力，就必须创设良好的氛围，必须积极鼓励他们敢于和善于质疑，增强他们的问题意识。那问题又从哪里来呢？来自老师的引导、学生的好奇。

（一）巧设悬念

在语文教学中，只有让学生以一个探索者、发现者的身份投入到学习的思维活动中，才能使学生在课堂的有限时间里迸发出创新的因素，并获得新的知识。为此，教师必须巧设疑问，以悬念来激发学生的学习兴趣。如在学习《赤壁之战》这篇文章时，教师可以向学生提出："曹操拥有八十万大军，而刘备和孙权才有三万大军，可是曹操的军队为什么会被打得落花流水呢？"这一巧妙的提问会在学生头脑中形成一个很大的悬念，唤起他们的好奇心，使他们的兴趣油然而生，学习的热情达到高潮。

（二）创设情境

叶圣陶先生曾说过："作者胸有境，入境始与亲"。语文教材大多文质兼美，有的课文文笔清晰；有的课文情深意长，富有感染力；有的课文富有幻想。在教学中，可以通过对这些课文朗读、录音、挂图等来创设特定的情境感染学生，通过一定的情感调控，架起学生与作者之间的情感桥梁，引导学生沉浸在课文所描述的情感氛围之中，让学生与作者在情感上产生共鸣，主动领会文章的思想内容。如在《雾凇》这篇课文中，描绘了一幅色彩斑斓的雾凇图，教学的开始，教师可以播放录像（雾凇景象），向学生展示雾凇的奇特和壮观，使学生在欣赏雾凇美丽景色的同时激起求知的欲望。

（三）联系实际

在语文教学中，应把语文教学与现实生活紧密结合起来，引导学生进行创造性学习。如在学习《卖火柴的小女孩》一文后，教师可以以《我与小女孩比童年》为题，让学生联系自己的童年进行"说话"训练。经过这样联系现实的训练，唤起学生浓厚的学习兴趣，改善学生的思维空间和实现认识能力的飞跃和突破，使学生的创新思维更符合现实。

此外，教师还可以采用游戏激趣、导语激趣、活动激趣等方法，作为激发学生学习兴趣的"导火线"，诱发学生的创新精神。

**四、抓好实践活动，培养创新能力**

实践是创造发明成功的重要条件。大多数发明家从小喜欢创新性活动，牛顿小时候喜欢制作风车、风筝等，爱迪生从小喜欢做实验。因此，教师培养学生的创新能力，不仅要体现在日常的课堂教学中，而且要更突出地落实在学生的实践活动中。

（一）重视学科活动

活动课的特点是以实践为主，强调学生亲自实践、发现、体验，强调学以致用，教、学、做合一。教师要充分重视语文学科活动课，使创新教育渗透到整个教学之中，培养学生创新的精神和能力。

活动课中，教师可根据学生的年龄特征分别为学生设置"欣赏课""说说做做课""畅想课""演讲课""做做写写课""童话课"等课型，让学生通过亲自实践，有所发现，有所创新。如教师可在"童话课"上，让学生根据儿童歌曲来编一个童话故事，从几句简短的歌词想象到故事发生的环境和故事发展的过程，从音乐旋律的快慢，音调的高低变化体会故事中情节的变化与各种角色情感的变化。

（二）丰富课外活动

学生创新能力的形成，只限于课堂，只限于课本，那就太狭隘了。教师要经常带领他们到大千世界去接触、去思考，在丰富多彩的课外活动中培养学生"试一试"的精神，达到培养创新能力的目的。教师要经常组织学生进行各种比赛：朗读比赛、演讲比赛、书法比赛、征文比赛等。鼓励学生从"剪报、贴报到优秀作文集",自己给这个集子命名,自己设计封面,自己给这个集写一篇创刊词,再定期将自己的最佳作文纳入"集子"里。应该说这个"优秀作文集"为学生提供了培养创新能力的园地,提高了他们创新的技能和素质。

语文是基础学科,语文教学内容丰富,练习形式多样,是培养学生创新能力的广阔天地。教师要创造性地挖掘、研究、使用教材中的创新性思维因素,激发学生的创新兴趣,用适当的创新性教学形式、创新性教学方法、创新性教学语言来启迪学生的创新性思维,从而培养学生的创新意识和创新能力。

**五、抓好作文教学、培养创新精神**

作文是学生在对事物进行观察分析的基础上,用语言文字表达自己看到的、听到的、想到的内容或亲自经历的事情的过程。它是学生认识水平和语言表达能力的体现,也是衡量语文教学质量的重要标志。

中高年级学生在语言表达能力、学科知识和思想道德情操等方面已获得一定程度的发展,已经能进行一些简单的作文练习,在作文教学中有可能也有必要进行创新精神的培养,教师的教学指导也必须进行方法上的创新。

(一)作文命题的创新

题目是文章的眼睛,作文的命题应追求新颖,要能够激发学生的写作欲望,开阔学生的思路,要包含尽可能多的信息,使学生有话要说,有话可说。作文教学的创新要从命题的改革开始。命题方式大致可归纳为以下几种类型:

1. 情境性命题。一定的情境是激起和维持学生写作意向的重要条件。在教学中,教师根据具体的情况,创设一种"虚拟情境",引起学生丰富的联想和想象，产生一种"连动效应"，就是平时人们常说的"进入角色"，这是一种很好的命题方式。如要求学生写《二十年后的我》，《假如我是……》等题目，命题本身就包含一种假定性。另外，写读后感也是一种情境性命题，学生所阅读的文章本身提供了一定的情境，促使学生有所思、有所得，进而把所思所得用文字的形式表现出来。根据一定的故事进行续写也是情境性的命题方法。如让学生写《假如卖火柴的小女孩来到我们身边》。在作文教学中运用情境命题，可以培养学生的理解能力、想象能力、抽象逻辑思维能力和语言文字表达能力。

2. 选择性命题。这种命题是根据学生的个体差异提出来的，选择性命题不但使学生觉得有内容可写，而且也乐意写，对克服学生作文中的畏难心理，提高写作能力有很大的帮助。如在写有关环保方面的内容时，教师可以提供如《青蛙的哭诉》《大树的遭遇》《地球怎么了》《小鸟的心声》等题目供学生选择其中的一个进行作文。语文教材中规定的命题虽然考虑得较全面且有序列，但还是有一些学生没有生活基础，作文质量不高。选择性命题作为教材命题的补充，不失为一种好方法。

3. 信息性命题。信息性命题的要求是范围不能太窄，习作要求不能太具体，题目中包含的信息量要大，要使每个学生都能从题目中找到自己要表达的内容。如《一个星期天》《校园生活趣事》《春天来了》等。教师还可以根据学生的个性特点进行专门的命题，如对害怕考试的学生就要求写《考试结束后……》，对爱幻想的学生提出《太空旅行记》等命题。

4. 多角度命题。这种命题方法重在培养学生的发散思维和求异思维。作文中让学生就同一题目使用不同的表现手法，表达不同的思想观点，接触不同的文章体裁。如《冬天》这一命题，可以表达喜爱冬天，赞美冬天的岁寒三友，也可以表达一种悲冬萧条的情绪。可以写成记叙文，还可以写成诗歌。采用这种命题方法，能让学生抒发自己的真情实感，发表不同的见解，提高写作技巧。

5. 自主性命题。这是与命题作文相对的命题方式，但与自由命题作文又有不同。自由命题是让学生选择生活中最感兴趣、最熟悉、最新奇、感受最深的事物或人物进行作文。而自主性命题是学生在一定的范围、时间和情境下，根据自身的兴趣、知识水平、个性特点来确定题目的作文，学生们所表现的是同一件事或同一个人、同一个物体。如苏教版国标本教材五年级有一篇习作，要求记一次活动。于是，一位教师与学生玩了"给小丑添鼻子"的游戏。在游戏中，要求学生仔细观察整个游戏中同学的表现，整个场面的气氛。然后根据活动，要求学生自主命题写作文。最后的命题有《添鼻子》《小丑笑了》《充满笑声的教室》……学生的想象异常丰富、奇特，创造性思维的火花闪现于字里行间。

6. 即兴性命题。即兴性命题是指在与学生进行谈话、活动时提出的作文要求。它的典型表现是教师在与某一学生聊天时突然说："你把刚才我们说的那件事写一写，题目就叫《××××》，明天交给我。"这种命题是针对个体的命题，符合因材施教原则。同时，在谈话或活动的过程中，教师已经对作文的立意、选材、遣词造句进行了指导，降低了写作的难度。

（二）作文评改的创新

批改和讲评在作文教学中起着反馈的作用。批改是在学生习作成型后，根据本次作文训练的目的和要求，对作文的思想内容、语言文字进行全面检查，作出口头或书面的导向、改正和鉴定的过程。讲评是对命题、指导、批改等的归纳、总结和提高，也是对学生构思、表达效果的评价过程。讲评既是一次作文活动的总结，又是下一次作文活动的准备。

作文的评改在激发学生的兴趣，活跃学生的思维，提高表达能力方面有着独特的作用。在作文教学中，评改主要从以下几方面入手：

1. 及时肯定学生的创新意识。创新的作文要求打破常规，与众不同。对作文中的幼稚、错误之处要有一种宽容的态度。一篇作文中，有好词好句就要给予积极的评价。下面一段话是一位教师的体会：几年前，我的一个作文并不是那么好的学生写了一篇作文，写的是他第一次自己去吃快餐的情景，其中有一句，我到现在还是记忆犹新："我低着头吃完饭赶紧离开快餐店，回头看看正在吃饭的人群，心慌得跑起来。""心慌得跑起来"一句也许是他的无心之作，但用得实在太好了，把他当时紧张的心情写得很生动。我在课堂上表扬了他。从此，他明显地喜爱作文了，屡屡有惊人之作出现。由此可见，及时肯定学生的创新精神是很有必要的。

2. 帮助学生发表习作。在作文教学中，发现有较好的作文，教师可以鼓励学生向报社等投稿。即使不能在报刊上发表，也可以在墙报上让学生过一下发表的瘾。有了动力，学生就不怕作文了，积极性高了，作文的水平也就提高了。

3. 提倡交互式评改。教师批改作文，是单向的活动。即使是面批面改，也只是一个老师对一个学生的双向交流，而不是一个老师和一群学生的多向交流。社会的发展使信息的交流越来越频繁，作文的评改建立一种交互式的模式十分必要。老师可以评论修改学生的作文，学生也可以评论修改学生的作文。让每一个人都成为学生，也让每一个人都成为老师。对作文中的典型问题还可以分组讨论，集思广益，共同切磋，共同提高。

作文教学中的命题、批改、讲评是相互联系、相互制约的，它们之间并没有明显的分界线。作为语文老师，应从整体上把握这些环节，这是提高作文教学质量的关键。

总之，在全面推进素质教育的今天，在语文教学中，培养学生的创新能力，是教学改革的必然要求，也是提高教学效果的有效途径。培养学生的创新意识和实践能力，任重而道远。所以我们语文教师要持之以恒，将培养学生创新意识和实践能力贯穿于所有语文教学中。

# 第三节 英语课程中
# 培养学生创新能力的方法

## 一、英语教学与培养创新能力间的关系

英语作为一门交际工具，其自身的发展演变过程是一个不断创新的过程。英语自产生之初至今已发生了巨大的变化。在其发展过程中，人们不断地丰富着它的内涵，使其成为人类文化不可分割的一部分。英语的词汇随着时代的发展日益增多，目前已发展至上万个，其语法结构、语音也在发生着变化。

英语是我们学习国外先进思想和文化的有效工具。我们在用英语与世界各国的人们进行交流的同时，可以从中学到他们的创新思想和创新手段。而自我国改革开放以来，中外文化和思想的交流更加促进了整个社会经济的不断发展，文化的不断进步。

近年来，随着我国改革开放以及对外宣传和交流的迅速增加，英语在社会交际活动中日趋重要并且得到广泛重视，新的教学大纲也明确指出，中学英语教学目的是通过听、说、读、写训练使学生获得英语基础知识和初步运用英语交际的能力，激发学生的学习兴趣，养成良好的学习习惯，为进一步学习打好初步的基础，发展学生的思维能力和自学能力。

## 二、在英语教学中培养学生创新能力的方法

（一）改变传统的英语教学模式，培养学生的创新能力

学生是创新的主体，创新能力潜伏在每个学生的成长过程中。但长期以来，传统的英语教学模式以教师机械灌输为中心，学生处于被动的学习地位，这种陈旧的填鸭式教学方法和教学模式忽视了学生的主体地位，扼杀了学生学习的主动性、积极性、创造性，学生只会全盘接受现成的知识。英语教学不仅仅是为了使学生掌握语言技巧，而

且还是为了培养学生的良好个性，激发学生的探究欲望，培养其独立获得知识，创造性运用知识的能力。因此我们必须改变传统的教学模式，摒弃教师讲、学生听的观念，把课堂还给学生。真正实现在教师的参与、指导和建议下，学生积极主动、创造性地获取知识和应用知识，在活动中发展创新精神和创新能力。教师只有认识到这一点，才会运用自己的聪明才智去激发每个学生潜在的创新能力，使学生积极主动、创造性地获取知识和应用知识。学生在母语环境中学习英语常常会遇到英语和母语在语音、词汇和各种表达方式上的冲突，而这正是引导学生自觉归纳语言学习规律的最佳切入点。例如，在语法结构教学中，初中学生往往会对都能在汉语中表示"有"的结构"there be"和"have/has"颇感疑惑，我们可以利用这个机会引导学生创造性地学习，掌握语言规律。首先，帮同学们搜集含有"there be"和"have/has"结构的例句。将它们分类罗列，学生们分类罗列的过程，正是他们进行自主学习的过程，在这一过程中，他们发现"have/has"表示"主观拥有"而"there be"表示"客观存在"。又如语音教学中，有的学生发现"worse，word，world，work"这些词中的"or"的发音是一样的，便好奇地问："老师，是不是所有的'or'只要放在'w'后就发这个音？"我们可以不必直接回答他们的问题，而是引导大家通过查字典的方式自己去寻找答案，找出单词的发音规律来，并启发学生对于其他的语言现象进行思考，自己总结出语言规律和英语学习的技巧。

（二）挖掘英语教材的创新要素，培养学生的创新能力

现行英语教材的特点是由浅入深，由易到难，多次循环，逐步加深、扩展。教材趋向于生活化，密切结合学生的需要，符合学生的兴趣，既能最大限度地激发学生学习的动机，又能做到学以致用，也很容易开发学生的创新思维和创新能力的潜能。

作为语言交际的一种重要形式，英语教学的听、说、读、写始终处于最基础的地位，因此，在教学过程中教师必须采用正确的策略和方法。

1. 培养学生的听力。训练学生的听力要与平时教学紧密结合，充分利用每节课的时间让学生多得到听的机会，来弥补由于缺乏学习英语环境而造成的接触机会的不足。（1）用英语组织课堂教学。除了用英语课堂用语外，如问候、表扬、纠正错误等，还可利用教材中的词汇、句子、句型和习惯表达方法等组织教学，使学生注意力集中、容易听懂。产生学习兴趣，在潜移默化中提高听力水平。（2）听写是训练听力的一种手段。如听写每一课的新单词，课文中优美的句子，重要的短语等。这样让学生既明白每一个词的发音，又达到了训练的目的。（3）提高阅读能力有助于提高听的能力，阅读是一种主要的语言输入来源，不仅增加了学习者接触语言的机会，还丰富了他们对英语使用国家的文化知识和背景的了解，而且在大量的阅读中拓宽词汇量，这些对听力水平的提高无疑是十分重要的。（4）培养良好习惯，克服紧张情绪，养成良好听音习惯。保持良好的心理状态，对于提高听力非常重要。对不懂的词、句就暂时放过，别浪费时间去苦想，别急躁而影响听后面的内容，一旦心情紧张，会影响听的效果，导致思绪紊乱，因此保持轻松、平静的心态十分重要。

2. 培养学生说的能力。在英语学习四种技能：听、说、读、写中被公认为"难中之难"的说，长期以来没有受到足够的重视。随着改革开放的深入和教材的改革，说已被提上教材的课程，而且"说"比"写"更重要，因为只有"说"才能建立起交流的桥梁，因此在教学过程中必须加强培养学生"说"的能力和方法。（1）课堂英语一分钟演讲是师生共同训练，提高培养口语、听力的好形式，它促进了教学工作的顺利进行，形成了一种积极、自觉、生动的学习气氛。（2）口头复述课文。在英语教学中科学地指导学生口头复述课文，为学生提供了施展运用语言才能的机会，这能使学生在丰收的喜悦中不断提高学习兴趣，增强大胆学习的信心，有助于提高学生分析、概括和整理语言的能力，从而把语文知识转化为语言技能，有助于巩固和深化所学的知识并形成巩固的知识链。与此同时，还能促使学生提高记忆、思维和自学的能力。（3）课堂内让学生多练。教授对话课时先让学生听，边听边跟读，然后分角色地朗读，这样做可提高学生的辨音能力、口头表达能力。

3. 培养学生的阅读能力。阅读是人们获取信息的一种途径，也是人类社会文化交流的一种重要方式。阅读理解能力的高低直接影响着一个人的听、说、读、写几个方面能力的形成和发展。因此，提高学生阅读理解能力是教师教学的主要目标和要求。（1）激发学生阅读外语的兴趣。吕叔湘先生说过："阅读是很不简单的，学者大有可学，教者大有可教"。阅读是发展学生智力的重要手段，是外语教师下功夫的所在，要搞好阅读教学，首先要让学生乐于阅读，敢于阅读，这是提高阅读能力的前提。（2）配合课文进行经常性的阅读训练，在教学中经常组织学生阅读与课文内容有关的原著缩写本或简易读物，这样有利于学生理解和学习课文，扩大学生视野，提高学生的阅读兴趣。（3）掌握基本语言的文化背景知识是培养和提高阅读理解能力的前提。无砖瓦难以成高楼，无基本的英语语言知识也难以谈阅读理解能力的培养和提高。知识的学习不应该脱离开听、说、读、写的训练，掌握一个单词不仅仅是识其意，而应该是知晓其在不同语境中的用法，而语法知识的学习又离不开具体的语言环境。（4）提高阅读速度也是非常重要的。阅读通常是有一定时间的要求，在阅读过程中不能因为个别单词或词组的陌生，而又停下来查阅字典、词典，这种不良习惯会大大影响阅读速度，必须采取强制自身的办法，先跳读，把生词放在一段文章中去猜测它的词意，这样可以大大提高阅读速度，收到很好的阅读效果，通过阅读，学生不断地积累词汇，优美语句和英语习惯表达方式，不断地体会和领悟作者传递信息和表达思想感情的方式。中国学生要想提高英语写作更要重视阅读，因为阅读对中国学生而言是英语输入的一种最主要的方式。

4. 培养学生写的能力。英语写作是听、说、读、写四项技能中相对较难的能力，培养学生的笔头交际能力是英语教学目的之一，然而，我国目前的英语教学中，写作训练相对薄弱，学生写作水平不高，而且很多人惧怕写作，存在着"学生说到写作心烦，教师见到学生的习作头痛"的现象。写作是一种语言输出形式，阅读是写作的基础，阅读不仅能帮助学生积累思想，也能帮助学生积累语言素材，读和写的关系非常密切，古人云："读书破万卷，下笔如有神"。只有积累了一定的思想感受和大量的语言素材，写作才有可能写好。（1）以丰富多彩的笔头活动，促进写的技能培养，开展多样的笔头竞争活动，既能调动学生写作的积极性又能发展巩固听说训练。如假设情景，在完成口头交际训练基础上，围绕课文内容，学生逐个写一句话，要求前后意思连贯，内容不重复，速度快，语句通顺，内容正确的"接龙比赛"。（2）利用书中插图训练技能，每一单元的阅读课文右上角上都有一幅画让学生利用一点时间去考虑，用英语进行思维，再联系课文的内容，用自己的话把每一幅画描绘一番。这样既训练了说的能力，同时又可提高书面表达的能力。英国著名学家 L·G·亚历山大在他所著的《新概念英语》前言中指出："Nothing should be spoken before it has been heard. Nothing should be read before it has been spoken. Nothing should be written before it has bean read."L·G·亚历山大将听、说、读、写四种能力的互补关系和互逆关系阐述得十分清楚，因此可见，听、读是说、写的基础，说、写能力的提高必须建立在听、读能力的基础上，在整个英语过程中听、说、读、写四方面的能力相互沟通、相互促进、相互依存、相互制约，基于上述的指导思想对学生们听、说、读、写方面能力进行严格训练和培养，将会取得良好的教学效果。

**三、在课堂教学中培养学生的创新能力**

首先，创设语言情境，激励创新意识。创新意识不是与生俱来的，而是经过培养逐步形成的。如何去创设一种适合培养学生创新意识的环境，是我们每个教师都要面对的一个重大问题。为了使学生对每天必上的英语课兴趣不减，无论是从课堂问候语到结束语，还是从导入新课的艺术性到创设语言情境的多样性，教师应尽量使用学生能听懂的词汇，加上浅显易懂、不落俗套的句式变换，创设出能紧扣学生心弦的英语教学情景，激发起学生的学习兴趣、好奇心和求知欲。一声亲切的问候既能融洽师生关系，活跃课堂气氛，又能有利于学生创造性思维的形成。例如："Good morning，Class! Nice to see you again. Hello，boys and girls! Shall we begin our class?"等都是常用开场白。像"That's all for today. Time is up. Let's stop here."等则是一节课的结束语。

教学中教师精心设计语言情景，激励学生的创新意识，唤起他们探求新知识的欲望。比如说在教授圣诞节这一内容时，教师先展示一张圣诞树的照片，学生运用以前学过的知识，谈论圣诞树的装饰过程，接着出示 Father Christmas 的图片，同时录音机播放外国民歌《铃儿响叮当》，这时教师用英语描述圣诞节的来历。这种身临其境的感受有助于学生理解圣诞精神的内涵，同时也分享着圣诞带给人们的快乐。谈论图片的时候，用英语思维的习惯开始形成，这就是创新意识。

其次，鼓励求异思维，开发创新潜能。求异思维是创造性思维的核心，在英语教学过程中，教师应引导和鼓励学生打破思维定式，敢于"say No，"从而让学生多侧面、多角度地思考问题。

在课堂活动中，教师作为教学的组织者，应经常采用课堂讨论的形式，积极鼓励学生标新立异，用自己的独特见解来回答老师提出的问题。例如在组织学生学习《Go for it》第三册第 11 单元的课文时，老师提出了"Where is the restroom?"的问题，让学生各抒己见，展开热烈的讨论。有学生大胆地设计情境，根据情境介绍了许多礼貌用语，教师应及时表扬他，并鼓励学生要注重理解语言的内涵，敢于发表自己的见解，开发创新潜能。

再次，采用卡片教学方式，培养创新能力。在英语教学中语法教学的难度比较大，由于在课文中已经串讲过，所以在专项语法教学中就不会像讲新课那样新鲜。因此在进行语法教学时，可以让学生用卡片将已经学过的词汇、语法、句法等来进行专项知识归纳。卡片用于英语教学，直观、易懂、易记、方便携带和保存，它可以营造出轻松愉悦的学习氛围，让师生一起积极思考问题，互相问答，使教学成为趣味性很强的一种师生互动，提高教学实效，对培养学生的创新能力有很大的帮助。

通过这些卡片的制作，让学生积极主动地搜寻旧知识，将词类转换、名词复数等在课本中零碎的、松散的的知识有机地串联起来，使学生从零散的知识的学习自然过渡到知识的系统归纳上，使基础知识条理化、系统化，为学生创新能力的形成打下坚实的基础。

进行积极评价，鼓励创新思维。学生是一个需要肯定、褒扬，需要体验成功、喜悦刺激的群体。在教学中，学生往往会产生一些稀奇古怪的想法，这时候，教师如果给以严厉的批评、指责、训斥，就会压抑学生那些朦胧的、零碎的思想，从而会阻碍学生创新思维的发展。教师应对学生的学习过程及学习结果等采取客观、公正、热情、诚恳的态度，作出积极的评价，鼓励学生的创新思维。

最后，灵活运用各种教学法。

（一）歌曲活用法

儿童歌曲一般都有优美动听的旋律、轻松欢快的节奏。它们以其独特的内容和旋律能使学生进一步感受异国文化，以其轻松的曲调和明快的节奏活跃课堂气氛。歌曲活用法就是中小学生形象记忆、情绪记忆较强的特点和儿童歌曲的独到之处相结合的方法，活用英语歌曲调动学生的情绪和想象力，让他们在无意识记忆状态下更快更好地掌握教材的重点和难点。使他们情感上受到熏陶，思想上获得收益。除此之外，英语歌曲还能应用于不同的教学内容，它对语音教学、词汇教学和语法、句型教学都会有很好的辅助作用。比方说，教一个星期各天的名称，教师能够用"Days of the Week"这首歌进行复习操练。

（二）故事串联法

各个年龄段的孩子都喜欢听故事。语言习得研究结果表明，儿童最先学会的是"听话"，然后才逐渐学会说话、阅读和书写。故事串联法就是教师把英语单词、短语或者简单的句子反复地安插在生动故事中，让学生在听教师讲故事的同时听英语，在尝试复述的过程中逐渐由陌生到熟悉，使其反复出现在故事中的。学生听得次数多了，对故事中的英语逐渐由陌生到熟悉到理解最终会运用。如在教有关动物的单词和询问地点的句型时，教师设计了以下的故事：

Little duck 的 mother 不见了。于是 Little duck 决定去找她的 mother。Little duck 对自己说："我一定要找到我的 mother。"

走啊，走啊……Little duck 来到了 Sheep 的家。

"Where is my mother, Sheep？" Little duck 问。

"对不起，我不知道啊。你去问问 Dog 吧。"Sheep 说道。

走啊，走啊……Little duck 来到了 Dog 的家。

"Dog, dog, where is my mother?" Little duck 问。

"对不起，我不知道啊，你去问问 Cat 吧。"

走啊，走啊……Little duck 来到了 Cat 的家。

"Where is my mother, Cat?"

"对不起，我不知道，你去问问 Monkey 吧。"……

教师第一遍讲这一段故事时，通过图画和动作表演，学生已经明白 dog、monkey、cat 等单词的意思。而教师在故事中反复问的问题在通过上下文的理解和图片的帮助下，学生也基本能够理解。这时教师再一次表演该故事，在讲的同时尝试让学生一起说。最后，学生在老师的诱导和示意下共同讲出了这个故事。

（三）情景设置法

情景设置法就是在教学中充分利用形象，创设具体生动的场景，激起学生的学习情趣，从而引导他们从整体上理解和运用语言的一种教学方法。它能让学生发现英语学习的趣味之处，能引导学生积极思考，鼓励他们进行创造性思维。

### 四、在课外活动及第二课堂中培养学生的创新能力

课堂教学的局限性是班级大、人数多，难以照顾到学生的个别差异和提供足够的实践机会和场合；学生习惯于在课堂这种封闭式的小天地里学习，难以适应各种不同的真实的社会环境，而英语第二课堂可以弥补这种不足。教师可以定期组织英语角、英语沙龙等课外活动，以复习、消化和巩固课堂所学的知识，扩大知识面和视野，并且通过这些活动培养能力、发展智力、激发兴趣、陶冶情操等。

生动有趣、富于启发的英语第二课堂活动是学生充分运用英语进行交际，激发创造思维火花的重要途径。教师在引导学生开展课外兴趣活动时应注重学生创新能力的培养。在活动中教师可以组织学生依据现有水平开展各种创造活动，让学生在这些活动中体会到学习英语的乐趣和用英语进行创造的愉悦。经常组织学生自编自演英语小品、创意制作英语小报和贺卡、英语演讲比赛甚至学唱英语歌等活动，使学生的英语学习兴趣和运用英语的能力得到提高。学生们对此类活动非常感兴趣，他们便从单纯学习英语知识转化为在活动中用语言进行交际、用英语进行创造，有了成就感，学习英语便更有信心了。

实践证明，运用这样的思路进行英语教学，学生不仅在听说方面的交际能力大大增强，同时也促进了读写交际能力的发展，取得较好的效果。更重要的是，学生从以前被动的听讲者转变为课堂的积极参与者，他们的主体意识在这个过程中得到充分的尊重与强化，从而增强了主动学习的意识，提高了学习能力，增强了创造意识，培养了创造能力。

英语课外活动是学生充分运用英语进行交际，激发创造思维火花的重要途径。教师在引导学生开展课外兴趣活动时应注重学生创新能

力的培养。在活动中教师可以组织学生依据现有水平开展各种创造活动，让学生在这些活动中体会到学习英语的快乐和用英语进行创造的愉悦。例如：给学生介绍国外风土人情，以此来学习英语的小知识，让参与者既感到新奇又感到满足；在各种有趣的图案上填入所缺的字母或字母组合；适当组织一些英语竞赛活动，如书法竞赛、知识竞赛、朗诵竞赛和讲故事竞赛等。通过这些活动，学生可以从单纯学习英语知识转化为用语言进行交际，用英语进行创新。

总之，在教学中如何培养学生的创新能力是非常重要的。长久以来，由于我们在教学中忽视了学生创新意识和创新能力的培养，一味地让学生在大堆大堆的题海中磨炼应试技巧，从而导致许多学生死读书、怕交际。英语教师要将创新教育与本学科教学紧密结合起来，将英语作为培养学生创新意识和创新能力的活动，积极探索在英语教学实践中实施创新教育的新途径。

# 第四节　历史课程中培养学生创新能力的方法

## 一、创设"互动式"的课堂合作教学模式

传统的历史教学方法已不适应当前形势的需要，必须打破这种课堂教学模式，变学生单纯地接受知识为学生主动探求知识的课堂教学模式。荷兰教育家弗赖登塔尔认为"教学就是让学生'再发现'的过程"，因而在教学中要注重引导学生再发现、再创造，将"单边式"的课堂教学转向多边"互动式"的课堂合作教学模式。

素质教育强调"交流与合作"，即自主学习和合作学习的学习方式，为适应这种学习方式，在历史课堂教学中可采用"质疑——讨论——解疑"的"互动式"的课堂合作教学模式。其方法是让学生带着问题阅读分析教材，然后再通过分组交流、讨论，使疑难问题得到解决。质疑就是为了解疑，讨论就是论疑和解疑的过程，这个过程正是

开启学生创新思维的最佳时机，教师要尽可能地放手，让学生自己去发现问题和解决问题。

例如：在学习"经济重心的南移"一课时，以设问的方式引导学生带问题自主学习教材：（1）北方人口为什么南迁？（2）人口南迁是怎样迁移的，分布在哪些地区？（3）人口的南迁有什么重要的作用？这三个问题涉及从东汉到魏晋南北朝再到唐宋时期的社会、经济、政治和科技文化等方面的历史知识，学生在自学本课教材后并结合前面几课所掌握的历史知识通过综合分析、辩证思考和相互讨论，就能理解和解决这些问题。在这个过程中教师可以进行适当的引导和点拨并给予鼓励式的点评，师生之间可就某个问题进行探讨和争论，以培养学生的历史思维能力和学习历史的兴趣及自主学习的能力。

采用"互动式"的课堂合作教学模式，要求教师以理解和宽容的心态面对个性差异的每位学生，为学生创设表现自我的舞台，给学生以充分发表意见和充分发展的机会和自由。教师在课堂教学中，要注意不失时机地肯定学生所取得的每一点成绩，鼓励他们的每一个进步，使他们体验到成功的愉悦，感受到努力的价值，从而更有利于师生之间乃至学生之间的互动。

**二、运用"开放式"的教学方法**

在全面实施素质教育以前，中学历史教学只注重历史知识的系统传授和基本技能的训练，形成了以教师为中心和以课本为中心的教育观，教师在课堂教学中往往采取灌输式的一讲到底的"单口相声"式的教学方法，学生只是被动的接受者，他们在学习中的独立地位得不到应有的确立，更谈不上发展学生的个性和创新思维及创新能力的培养。

1. 把课堂开辟成舞台，让学生演绎教材中的历史人物。创设情景的过程也是一个学习的过程，这一过程既可以由教师完成，又可以由学生完成。这种尝试一来可以提高学生的兴趣，二来使学生在自导自演中掌握知识，也就是在形象思维能力的基础上提高抽象思维能力。

例如讲述"文成公主入藏和亲",让学生做好演出准备。课堂上由学生来表演,师生共同欣赏。这样既可以活跃课堂气氛,又可培养学生的表演才能和想象力,同时还可加深学生对这一历史事件的理解。其实在历史课堂教学中,还有许多让学生自编自演,充分发挥才能的内容,例如"禅让制""西周分封制"等等,同样可采取上述的形式。

2. 课堂抢答,小组竞赛。在讲授某些章节时,将教材内容编成一系列问题,课堂上要求学生以个人或小组为单位主动抢答,根据学生回答问题过程中表现出来的思维主动性和敏锐性,及时作出肯定。事实证明,这种办法可以使学生的思维始终处于一种高度亢奋状态,思考问题的灵活性、准确性、积极性远远超过一般的点名回答。

3. 鼓励学生发问。在历史课堂教学中,鼓励学生发问、质疑,对历史现存的有关问题及结论进行深入的思考和探究,从而把问题引向纵深,有利于培养学生的批判精神和解决问题的能力。通过教师的情境激发(语言、图片、视频等),让学生在感到兴趣的同时提出问题,进而产生探讨的愿望。学源于思,思起于疑,思维总是从问题开始的。一个优秀的历史教师要在学生看似无疑处设疑,有疑处释疑。在"无疑——有疑——无疑"的过程中使学生由未知到已知、由浅入深、由表及里、由此及彼地掌握知识,增强能力,把问题引入课堂。即以"问题"的不断出现与解决作为组织课堂教学的主线,作为推动学生对历史知识的认识内驱力,诱发其探索与求知的欲望,调动其历史思维的积极性。如以讨论、辩论等形式,使学生各抒己见,想人之所不想,见人之所不见,做人之所不做。从而优化学生的创新心理环境,激发他们想象的冲动,联想的新颖,思路的开阔，每一堂课，都要给学生一个"自由"的空间，让他们大胆地想、问、辩。这样，课堂气氛活跃了，思维打开了，学生掌握的不仅仅是书上的内容，还能将课外知识，已学过的其他知识联系起来，融会贯通，有了自己独特的见解，这样通过一段时间的训练，许多学生能在老师引导下自己发现问题，提出问题。教学实践证明：没有难度的教学只会削弱学生学习历史的兴趣和动力。教师在教学中要把握时机，结合教材特点，生动地叙述能引起疑问的史实，引导学生积极思维。例如在学习《"五四"爱国运动》一节时，学生急于知道的是"五四"运动的过程，尤其是对"火烧赵家楼""痛打章宗祥"的故事感兴趣。而实际上，"五四"运动是在十分复杂的历史背景下爆发的，这部分的内容是对学生进行爱国主义教育、发展创造性思维的极好材料。为此，教师应注意培养他们的兴趣，激发他们探讨的愿望。首先，引导学生回忆"府院之争"及我国派十五万华工参加协约国方面作战的过程，着重指出中国也是个战胜国。然后，又着意讲解在"巴黎和会"上中国领土被重新瓜分的辛酸历史，引起学生的兴趣，从而激发学生提出了如下疑问："在第一次世界大战中，中国也是战胜国，为什么在巴黎和会上却被当作战败国被瓜分？"从而取得很好的激疑效果。历史教学中的激疑过程，是培养创造性思维的起点，教师在教学中要注意创设问题情境，有意识地设一些疑点。要让学生意识到时时有疑，处处有疑。比如，有位教师在复习民族解放运动的二战后初期的大体事件时，只简单按课本串了一下以色列、印度、巴基斯坦和印尼的独立。但有同学补充了中国、越南、朝鲜、蒙古这四个独立后走上社会主义道路的国家。还有人把东欧8国也加入进来。当时这位老师激动地说："同学们补充的相当不错，老师为你们而自豪。"可见，学生们的思维是开阔的。此外，教材中需要深入探讨的问题，以及易混淆的概念，都组织学生讨论，完善了知识，并最终得出正确的结论。如在讲"克罗米亚战争影响"时，课本给出两点影响，即英法殖民势力的加强；

推动俄国农奴制改革。通过讨论，我们又总结出三点：（1）使奥斯曼帝国殖民地程度进一步加深。（2）动摇了俄国欧洲大陆霸主地位。（3）使俄国南下战略受挫。所以，不把学生的思维限制在"一"上，而是努力促使学生去探索"多"才是关键。教师在课堂上可以经常进行一连串的设问："对这个问题还有其他看法吗？""对刚才那位同学的说法，其他同学还有不同想法吗？"学生经过长期的锻炼和熏陶，逐渐形成良好的学习习惯，即使在课余时间，师生间也经常相互发问讨论。只有这样才能促进学生去思考去探究，提高形式独立的思辨能力。

4. 以主题活动的方式培养学生的想象力。课堂教学目标是多元的，培养学生能够寻求多种途径获取知识的学习能力与学习方法，拓宽历史课堂的情感教育功能，也是创新能力的一种培养，课堂教学中不断丰富学生想象力是不可或缺的。例如讲述"甲骨文"时，可以用猜字游戏："你认识这些甲骨文吗？"作为活动主题。活动前准备10个象形性强、简单易认的甲骨文字，制成投影片或写在一张大纸上，将10个甲骨文字编号并同时展示，由学生抢答辨认，可以直接回答这是一个什么字，也可以从象形的角度分析它可能是什么字，尤其是鼓励同学可大胆想象这个字在当时所包含的意思。这类活动对提高同学们的观察能力、想象能力和表达能力都有显著的作用。

素质教育要求改变学生单纯从教师或书本上获取信息为从各方面获取有效信息，变学生单纯在学校学习为向社会学习和终身学习，这才是新形势下的教育目标。利用这一教学模式可采用多种开放式的教学方法，如"主题规定型"开放式教学，即教师在规定的时间内，按照规定的内容，要求学生完成规定的学习任务，并以历史小论文的形式体现出来，这是中学阶段常常采用的一种教学方法。为此，我们可以在平时的教学中创设一些情景，例如：在学习《西安事变》一课时，可以布置开放式的作业："十年内战中，蒋介石杀害了成千上万的共产党人和革命群众，西安事变时提住了蒋介石，中国共产党不仅主张不杀他，反而主张和平解决，释放他。"结合所学知识并收集资料写出小论文，谈谈你的看法。再如，学习《第二次鸦片战争期间列强的侵华暴行》一课，先向学生介绍从清帝康熙开始经过几代帝王历时150年，建造成中西结合，豪华壮观的"万园之园"的皇家园林——圆明园，并展示圆明园全景想象图，激发学生的自豪感。然后向学生介绍英法联军的暴行，展示"英法联军在圆明园中抢劫"和"圆明园残迹"图片，以培养学生的民族责任感和爱国情感。紧接着提出问题引发学生思考与讨论："1860年，英法联军大肆抢劫后，为掩盖事实真相，放火烧毁了被称为万园之园的皇家园林——圆明园。如今的圆明园只有远瀛观的几根石柱还屹立在那里，它像一座纪念碑向世人展示英法联军摧残中华文明的滔天罪行。有人主张应该在原地重建圆明园，有人则反对重建"。请你从一个角度思考，写一篇小论文阐明自己的观点和理由。根据以上两段材料要求学生撰写小论文，要求自拟题目，论文的论点鲜明，论据充分，条理清晰，语句流畅，字数不少于500字。交卷后发现不少学生的论文题目新颖，立论正确，说理透彻，自圆其说，而且写作水平较高。采用这种开放式的教学方法，可以有效地培养中学生的创新能力。

**三、倡导"主动参与、乐于探究"的学习方式，体现学生的主体意识**

中学历史学科虽然具备许多有利于培育学生创新能力教育的诸多因素，但由于长期受应试教育的影响，创新教育并没有在教学中受到应有的重视，知识传授、应试技能的训练成为中学历史教学的主要目标，学生对学习历史的兴趣、积极性和主动性不高，也缺乏对创新能力重要性的认识。

兴趣是最好的老师，"知之者不如好知者，好知者不如乐知者"，只有从"知"以乐的人，才能真正全身心地投入。要创新就必须对创新的对象有浓厚的兴趣，没有兴趣不可能有创新。传统教学中教师注重"满堂灌"，学生不重视历史课，对历史不感兴趣，缺乏学习的主动性并形成"历史就是死记硬背"的观念。在深化教育改革，全面推进素质教育的今天，在培养学生创新精神方面要有所突破，首先要重视的是培养学生的学习兴趣。从培养学生创新精神的角度来培养学生的学习兴趣，就要创设能激发学生兴趣的问题情景和富有较高思维价值的问题。例如讲"澶渊之盟"的评价时，让学生看书，找资料，围绕布置的几个思考题进行探讨：当时辽宋为什么会议和？北宋政府每年送给辽的"岁币"是从哪来的？签订了盟约，基本不打仗了，对双方有什么好处？学生经过思考，发表他们自己的见解，展开课堂争论，这样既使学生感到由自己独立地、创造性地解决历史问题的欣慰，又激发学习兴趣，发挥了学生的主体作用，活跃了课堂气氛。

同时，为了适应这种素质教育要求，培养学生主动参与、乐于探究、交流与合作、勤于动手动脑学习意识，教师应在历史课上充分利用历史故事、历史名人的典型事例、利用祖国及家乡深厚的历史文化、风土人情及巨大的发展变化等激发学生的自豪感和进一步探索的热情，从而使学生以一种强烈的追求意识积极自觉地学习和探索。学生对历史产生了极大的兴趣，真正成了学习的主人，由原来被动接受变成主动参与、乐于探究的积极上进的学习风貌，在兴趣的吸引下，学生主动参与老师的教学过程，不仅轻松地接受了历史知识，而且懂得了历史发展的规律，同时也培养了自己的创新意识和能力。

历史新教材从内容上降低了难度，淡化了历史知识体系，增强了大量贴近学生生活和社会生活的内容，给学生提供了更为广阔的探求空间。因此，课堂上应充分发挥教师的指导作用和学生的主体作用，学生应成为历史课的主角，他们的一切活动都应在自主探索的情况下进行，教师只是起到指导的作用，对于学生为此而展开的一切探索活动都应理解和尊重，并且应给予及时的鼓励和适当的点拨引导，适时提出疑问、引发学生思考。

但是，学生在自主学习和探索过程中难免会出现与历史发展规律相悖的观点，针对这种情况教师切忌轻易否定学生的观点，应适时给予正确的引导，否则会挫伤其探求历史发展规律的积极性。教师要注意保护和满足学生的好奇心和求知欲，妥善解决他们心中的疑惑，并以学生的质疑为突破口，捕捉学生智慧的火花与灵感，及时给予鼓励和肯定，以此鼓励学生不断发现新问题，并勇于质疑和善于质疑。在学习过程中教师可结合所学内容大胆放手、积极鼓励学生收集资料、动手制作、走访调查，探索思考等活动，尊重属于学生自己的体验，让他们走出课堂，走进社会，体验生活，认识社会历史发生发展的规律，敢于提出不同的观点，最大限度地培养学生的创新能力，这将成为学生终生受益的财富。

### 四、布置开放性练习题，培养学生创造性思维能力和实践能力

创造性思维不单是运用已知的定义、概念和程序，它更是创建新模式、发现解决问题的途径。创造性思维能发现现实的未知特性，找到改造现实的新方法。常见的是所留的问题，答案不确定。如"评价清末新政，总理衙门建立"等，学生可以结合所学知识评价，也可以有所突破。可以肯定也可以否定，还可以二者兼顾。只要言之成理，就可以帮助学生加深理解知识，而且可以点燃学生创造之火花，有利于创新思维。

总之，中学阶段正是学生创新思维发展和创新能力培养的重要时期，他们对未知世界的好奇和探求，对已有结论的质疑，都是他们未来科技创新的潜在源泉，"疑是思之源，思是智之本"，知识的学习不再是唯一的目的而是手段，是认识科学本质、训练思维和掌握学习方法的手段。因此，历史教师要努力使自己成为学生历史创新意识的启发者和培育者，从多方面为培养学生的创新意识和创新能力创造更充足的条件。在历史课教学过程中，要注重学生的思考过程，启发学生探究历史发展的规律，鼓励学生大胆质疑创新、标新立异，敢于发表与别人不同的见解，从而

提高学生的综合素质，使他们得到全面的发展。

# 第五节 思想政治课程中培养学生创新能力的方法

**一、改变师生关系，营造良好的课堂氛围，激发学生创新热情**

良好的师生关系是培养创新能力不可缺少的前提。传统的师生关系是一种倡导师道尊严的不平等的关系，教师是教学活动的控制者、组织者、制定者和评判者，是知识的化身和权威，所以，教师在教学活动中是主动者、支配者。而学生是来向老师求学的，理所应当听老师的话，服从老师的安排，学生在教学活动中只能是消极、被动的学习者和服从者。尤其在一些思想政治课上，教师高高在上，照本宣科，"满堂灌"，脱离学生实际，学生当然不喜欢，学习的积极性就低。如此教学，怎么能培养学生的创新能力呢？而新课程基于对课堂与教学一体化的认识，提出新课程需要相应的新的教学观，强调师生的互动关系，倡导主动的、多样的学习方式，师生之间是一种平等的关系，塑造师生之间多种多样、多层面、多维度的沟通情景和沟通关系。学生的思想、意志、情感和行为方式应该得到同样的尊重，应给予学生足够的展示自己才华、表达自己思想和情感的机会。在教学中，学生不再是消极、被动的学习者和服从者，而是积极、主动的求知者。这样，学生的创新能力也就在解决问题的过程中得到培养。教师应本着以"学生发展为本"的原则，树立师生平等观念，注意与学生进行情感交融，才能创造一种平等、尊重、和谐、发展的师生关系，营造一个民主、活泼的课堂氛围。这样才能激发学生的创新热情、开拓学生思维，把课堂变成实现以创新精神和实践能力为重心的素质教育的主阵地。

二、巧设疑问、鼓励参与，培养学生的创新意识

哲学家波普尔认为："正是问题激发我们去学习、去发展知识，去观察、去实践"。教学过程是一个设疑、质疑、解疑的过程。教师在课前认真研究教材，精心设计问题，才能在课堂上提出学生感兴趣的问题来。同时教师所提问题应能与生活实践相联系，令人深思，给人启迪，能调动学生参与的积极性，要有思考价值，这样，才能激发学生的创造性思维。爱因斯坦说："被放在首要位置的永远是独立思考和判断的总体能力的培养，而不是获取特定的知识。"导电塑料的开发，伽利略的重力加速度理论的产生，超导体的发现，杂交水稻的培育成功，爱因斯坦相对论的提出……所有这些，无不是对既有观念的质疑，而获得成功的。因而，教师在教学中要巧妙设计疑问，让学生讨论，激励学生质疑，积极引导学生去探索学习。教师也要积极参与到讨论中去，以指导者、组织者、参与者、研究者的角色进行教学活动，引导学生大胆探索，各抒己见，畅所欲言。在讨论过程中，教师还要善于捕捉学生创造的火花，及时鼓励，及时引导。如：在讲"商品的含义"时，教师可采用多角度、多层次的迂回式提问：（1）提到商品，同学们很快就想到了商店的食品、衣服、家电等。那么，这些商品是怎样来的呢？它们又到哪里去呢？（2）大自然中的阳光、空气是不是商品？为什么？（3）医院给病人输的氧气是不是商品？为什么？（4）你送给同学的生日礼物是不是商品？（5）劳动产品是不是商品，关键看什么？这种迂回式提问，能使学生的思维由浅到深、由窄到宽、由形象到抽象，使学生创造思维的敏捷性、发散性、聚合性、发现性和创新性等要素都得到有效训练。

三、改变学习方式，鼓励学生求异思维，培养学生的创新能力

传统的学习方式过分突出和强调接受和掌握，冷落和贬低发现和探究，从而在实践中导致了对学生认识过程的极端处理，把学生学习书本知识变成仅仅是直接传授书本知识，学生学习成了纯粹被动接受、记忆的过程。这种学习窒息人的思维和智力，摧残人的学习兴趣和热情。转变学习方式就是要改变这种方式，把学习过程之中的发现、探索、研究等认识活动突出出来，使学习过程更多地成为学生发现问题、提出问题、分析问题、解决问题的过程，鼓励学生自主学习、合作学习、探究学习。

新课程，要求注重培养学生的批评意识和怀疑意识，鼓励学生对书本的质疑和对教师的超越，赞赏学生独特化与个性化的理解和表达。这就要求充分发挥学生的主动性，对学生的好奇和求异加以引导和鼓励。没有求异就没有创造，求异往往成为创造的开始。所以在教学中教师要鼓励学生的求异，让学生知道没有绝对的真理，不要盲目崇拜什么专家，要敢于对权威、对理论、对教材、对教师、对学校提出质疑，鼓励学生大胆发表自己的见解，提出自己的设想，引导学生去探索、去质疑、去创新，从而培养他们的创新能力。例如：在学习"一分为二"观点时，一个学生突然提出："要求学生德、智、体全面发展，对此怎么'一分为二'"？这是个发散思维的火花，让学生进行讨论、交流，从对这个求异思维的进一步讨论中，拓宽了学生的思维。又如：在学习"内外因辩证关系"时，一位教师引用"近朱者赤，近墨者黑"的成语，并结合"孟母三迁"的故事来加以论证，教师故意把这说成"真理"。很快，学生中就有人提出了"近朱者不一定红，近墨者不一定黑"的观点，并说出了自己的理由，这位教师对此给予了充分的肯定和鼓励。

**四、关注社会、关注生活、从生活中来、到生活中去，是培养创新能力的有效途径**

基础教育课程纲要强调："要继续重视基础知识和基本技能的培养。"可见，思想政治课教学中的"双基"是培养学生创新能力的基础。教师应该重视"双基"的教学，而我们教学的目的不能停留在对知识的掌握上，而要用所学知识去观察、认识、分析、思考、解决现实生活社会中存在的问题，也就是说理论来源于生活实际，而理论又要反过来指导生活实际。创新来源于实践，所以要强调理论联系时政、联系生活、联系实际，引导学生学以致用，才能培养学生的实践能力。师生在教学过程中，必须关心时事、关心生活、从实践中获得新知识、新信息。特别是要思考所学知识与当今国内外重大时事热点问题是否相结合。例如，讲到清除封建残留思想时，就要联系到生活中存在的迷信思想，以及邪教"法轮功"的危害等；讲到社会主义生产目的时，就要联系到党中央实施西部大开发战略的重大意义及"三个代表"重要思想、科学发展观的应用等；讲到维护祖国统一时，就要联系到台独分子破坏祖国统一的言行的危害等；讲正确对待挫折时，就应联系学生中遇到的学业、生活、人际关系中遇到的挫折等；在讲"消费者合法权益受法律保护"时，可拿出一些商品让学生当场鉴别真伪，如仿冒"两面针"牙膏、仿冒的"金嗓子"喉宝、仿冒的"双星"运动鞋等，这样学生便非常感兴趣，不仅学到了法律知识，而且增长了生活常识与经验。教师再进一步引申到其他侵害消费者权益的事，让同学们谈买到假冒伪劣商品时的感受，最后引导回答提出解决办法等等。只有学以致用，才能发展学生的创新思维，培养学生的创新能力。

**五、充分运用现代科技手段，培养学生的创新能力**

随着现代科学技术的发展，打破了"一支粉笔、一张嘴"的传统教学方式，将现代化教学手段，如录音、投影、电视、录像、电子网络等引入课堂。这些现代化教学手段，具有直观、生动、情境性强等特点，能将形象思维和抽象思维有机结合起来，增强了教学的吸引力、感染力和说服力，能使抽象的道理形象化，创设让学生思维层层展开、步步深入的教学情境，有助于学生分析能力、综合能力的提高。特别是现代网络的高速发展，开拓了学生的视野，为学生创新能力的培养创造了更为有利的条件。教师应熟练掌握和应用网络信息，教会学生使用网络远程技术来收集资料、整理数据、发现问题、分析问题、解决问题，使学生在学习过程的体验中培养创新的能力。例如：在教初二法律常识时，我们可以建议学生多看"今日说法""焦点访谈"节目，有时教师可以把一些精彩节目录制下来，拿到课堂上与同学们一同分析、探讨，还鼓励学生在网上与网友谈论有关法律问题。

# 第六节　地理课程中培养学生创新能力的方法

## 一、在地理新课程实践中，地理教师应有创新意识

地理课程要求培养现代公民必备的地理素养，满足学生不同的地理学习需要，重视对地理问题的探究，强调信息技术在地理学习中的应用等。因此，地理教师要从教学创新做起，争做创新科研型教师。教学创新源于教师教学中的问题和困惑，教师要对教学目标、教学设计和教学行为进行创新，探讨教学的得失成败，撰写教学案例、教学后记等，回顾教学过程，调整教学策略，寻求最佳方案，积累教学经验。新课程实验初期，地理教师面临着巨大挑战，传统的教学方法不能适应新课程的要求，教师在教学中产生了种种困惑。比如，传统模式下的地理教材结构清晰，知识丰富，重点突出，教师只要按照大纲和教材的要求，照本宣科地讲清知识点，就能完成教学任务，考出好成绩。而新课程教材变了，书本上现成的知识少了，取而代之的是大量的学生活动，这就要求我们要围绕这些困惑，积极进行实验，从教学的创新设计，教学创新活动的组织和调控，到教学效果的检验，让自己从中总结经验教训。老师在教学中探索、反思和再创新，解决了一个又一个难题，同时坚持撰写教学后记，对自己的课堂教学进行回顾、总结和评价，进一步了解学生认知水平，改变教学思路，完善教学方法，优化教学过程。这样，教师的综合素质和研究能力不断提高，

从而实现由教书匠到科研型教师的创新转变。

## 二、建立融洽师生关系，营造创新氛围

培养学生创新精神，首先要为学生创造一个宽松的学习环境，建立融洽、和谐、平等的师生关系。这就要求教师要尊重学生的人格和需要，保护和培养学生的学习兴趣，激活课堂学习氛围，因为有民主、宽松的教学氛围，才会有人格的自由和舒展，思维的活跃与激荡，进而才可能迸发出创新的潜能。在地理教学中，教师如果把学生的思维束缚在教科书的框框内，不准他们越雷池一步，那么只能使学生的思维活动处于一种"休眠"状态，结果扼杀了学生的创新精神。那么如何使学生认真学好前人的知识，既不受其拘束，敢于另辟蹊径，又能言之有理，持之有故呢？首先，教师要找准自己的定位。以引路人的身份，平和的心态，特有的亲和力营造民主平等的学习氛围，只有在民主平等的师生关系中，学生才敢直言见解，展现个性和灵性，层出不穷地形成各种奇思异想，独立见解。其次，教师要鼓励学生标新立异，打破思维定势，从而发现新问题，提出新设想。下面是一位教师在这方面的体会：每当高一新生上第一节课时，我总是对他们说："在地理课堂上，随时可以提出不同意见，谁说得有理谁就是这个问题的老师。"例如，"麦哲伦的环球航行证明了地球是一个圆球形"这个观点，在历史和地理书中都有提到过，我从没想到会有不同意见，可在高三复习"地球"这部分知识时，我的这个说法就遭到了质疑，有个学生说："麦哲伦的船队基本上是沿纬线航行的，如果地球是圆锥形或圆柱形也能使船航行一周回到原地"。这个新观点真让我忍不住叫好，于是我请学生继续"思考生活中的哪些事例能帮助证明地球是个球体"。在热烈的讨论后，大家列举了不少生活事例："欲穷千里目，更上一层楼"，在平坦而开阔的地带，人的视力没有改变，但站得高看得远，这说明地表是弧形的，从月球上拍下的地球的照片可以看出，从太阳、月亮都是球体可以推测出，从月食出现时的现象可以推断地球是个球体。在

这样平等而民主的气氛中，课堂成为了培养学生地理创新思维的场所。当然教师应该注意，对学生的问题要推迟判断，避免武断、过早地下结论或向学生预示解决方法，都不利于创新思维的培养。

### 三、地理课堂教学方法创新模式应是淡化教学形式，注重实效

对于新课程教学理念的理解和运用，要把握其实质，要神似而不能仅仅是形似。创新教学方法涉及教师如何教，其本质是如何调动学生学习的主动性，如何提高学生的学习能力。

教学方法创新应注意创设课堂情境。教师可直接利用教材中提供的素材进行情境导入，或是根据课堂学习内容创设一个情境，或是利用生活中的具体事例进行情境导入。在高中地理教学中，教师如何利用有利因素创设情境，营造气氛，激发学生的学习情趣，是使地理课堂妙趣横生的前提。地理是一门与社会现象紧密联系的学科，如讲《大气环境保护》中温室气体增加、全球变暖、臭氧层破坏与保护、酸雨危害及其防治时，可分别出示一幅漫画，引发学生思考，激发学生兴趣，让其自己总结各种环境问题产生的原因和影响，再根据产生的原因找出解决的措施。学生在生动的漫画中，加深了对知识的记忆，从而掌握了知识。

教学方法创新应该注重学生主体性和个性化发展。教学中，学生是主体。学生不是空着脑袋走进教室的，在以往的学习中，他们已经有了一定的经验和看法，即使一些问题尚未接触，没有现成的经验，但当新的问题呈现在他们面前时，他们往往可以基于相关的经验，形成对问题的某种解释，这并不是胡乱的猜测，而是他们从经验背景出发的合理推导。所以，在地理教学创新过程中，应把学生原有的知识

经验作为新的知识生长点，引导学生从原有的知识经验中"生长"出新的知识。教师应在整个过程中激发和引导学生运用自己原有的知识去探知，去获取更大的收益。如在课堂教学中，可以将学生分组，围绕一个或一系列学习问题展开讨论，让学生各抒己见。在讨论中，学生为了能使自己的见解引起大家的关注和认同，就要力求切合题意，并有所创新，就要从多方面进行全面地思考，这就促进了学生地理思维能力的形成，提高了他们的分析、归纳和综合的思维能力。

为了更好地使学生的个性得以发展，我们必须改变传统的单一室内授课方式，应充分利用校内外课程资源，拓宽学习空间，积极开展各种实践式教学——地理观测、地理考察、地理调查等。让学生在客观真实的环境中，去学习、观察、分析和解决问题，让他们手脑并用，学以致用，去拓宽认知的视野，从而培养学生的实际操作能力和动手能力。为此，当学完"太阳高度"的知识后，教师可带领学生到学校新校门前利用"立竿见影法"测量本地在秋分日的正午太阳高度角；还可带领学生去观察学校附近新开公路的地层结构；还可定期布置一些地理课外调查：调查本地土地利用状况和农业生产情况，判断本地的农业地域类型，并分析其形成的条件；调查家乡人口数量和人口变化情况，探究人口变动对当地农业生产的影响等。这不仅有助于培养和增强学生的学习能力，而且使学生个性得以发展。

教学方法创新必须妙用"启发式"教学法。这是因为启发式教学能够调动学生学习的主动性和积极性，让学生自觉地掌握知识，探究问题，提高能力。但要实现这一目标，最重要的是教师应选择好"启发点"。正确的做法：一是把启发点指向教材的重点，让学生学有所思，思有所得。如在学完高中地理"地球的自转和公转"后，可以用下列问题启发学生：①假如地球只有自转而没有公转，一年会有四季变化吗？为什么？②假设地球公转时，地轴不是保持指向北极星方向不变，而是也转了360°，那么太阳直射点如何移动？对四季的形成产生什么影响？二是从回答问题的"卡壳处"挖掘启发点。如在讲"大陆漂移学说"时，可提出这样一个问题："冰天雪地，不毛之地的南极大陆为何有煤的存在？"学生一时很难想到南极大陆会漂移这个关键点上。于是教师提出下列小问题：①煤由什么演变而来的？②有森林的地方肯定不会在冰天雪地的高纬度地区，那么应在什么纬度区？③南极大陆在高纬度地区，肯定没有森林，而现在有煤说明它在地质史上曾有森林，那么它曾在什么纬度？通过逆向反推，层层点拨，启发引导最终得出南极大陆漂移的结论。这种启发，可以使学生茅塞顿开，思维顺畅。

**四、采用探究性的学习方式，多渠道获取知识，注重提高自身的创新能力**

地理教学，教师应设法教学生学会质疑与解疑，从而引导学生积极去思考，施展才智并形成独立的个性。让学生在了解知识的过程中，去关心现实，了解社会，体验人生，并积累一定的感性知识和经验，使学生获得比较完整的学习经历，同时在学习中培养学生的一种探究性、开放性的学习方法和思维方式。如在讲授新知识时，教师可以在旧知识与新知识之间架起一座桥梁，让学生自己"过桥"，促使学生发现以前未曾认知的知识概念间的类似性、差异性和各种关系法则的正确性，从而掌握发现问题、分析问题和解决问题的方法与能力。如在学习"影响气候的因素"时，当分析了"太阳辐射和大气环流"对气候的影响之后，让学生读"世界气候类型分布图"，在图上找出以下两个地区，同是北回归线附近的我国长江中下游地区和北非地区，并查看这两地的气候类型，然后设问："为什么这两地都是在北回归线附近而形成了不同的气候类型？"学生在这样的问题情境下，纷纷去查看课本、看地图、查资料，发现问题的根源，得出结论。这就激发了学生学习的兴趣，注重了对学生创新能力的培养。学生既获得了知识又提高了能力，乐在其中。

教学过程应以学生为主体，强调学生的主动参与，教学过程活动化。实践证明，开展多种自主学习活动，不仅能培养学生主动去探究地理问题的创新精神，开发学生的各种潜能，而且有利于学生个性发展，形成独立人格。为此，最大限度地将整个教学过程设计为学生自主的地理活动，必将成为地理课堂教学改革的一个基本方向。在地理课堂上，主要地理活动方式有：

（1）地理游戏，如地理谜语、在地图上旅游、政区拼图、地理故事会等。

（2）地理实践，如等高线制作、区域规划等。

（3）社会调查，如环境状况调查、资源调查等。

（4）地理体验，包括直接体验（如郊游、参观）和间接体验（如观看录像、电影等）。

（5）合作学习。地理课堂教学内容中更多的是没办法按照上述活动来设计的。这时，我们可以把全班学生根据认知水平与能力、性格等分成若干学习小组，运用预习、自学、互相提问、答辩等方式来组织教学活动。以下是一位地理教师的做法："有一次我用5分钟上了一节试卷的讲评课，我自认为效果比较好。首先，我在黑板上公布了答案，然后通过举手的形式统计了每道题错误的人数，接着我让学生分组进行相互讨论学习，不懂的就在已经搞懂的同学那里讨论学习，最后下课前5分钟再次做了统计，全班所有人已经搞懂了卷子上所有的问题。这节课老师看似偷懒，实际上给了学生更多的主动发挥的空间，做错的人会主动去寻求正确的答案和方法，正确的人通过给其他同学讲解进一步加深了对知识的理解，所以我认为这节5分钟的课是非常成功的。"

总之，地理创新教学中，教师一定要有创新意识和不断地创新课堂教学方法，激发学生学习的兴趣，注重对学生创新能力的培养，并注重总结，不断地进步，不断地提高教学水平，这就提升了自己的教学品位。这样既可以做到教学相长，又能很好地实现新课程理念的教学目标。

# 第四章　理科课程中
# 培养学生创新能力的方法

　　理科教学承担着对青少年进行科学启蒙教育的任务。通过对自然界常见事物的认识和对数学、物理、化学、生物等学科知识的系统学习，使学生理解和掌握科学技术最重要、最基本的概念和由其构建的科技知识体系的基本轮廓，理解和掌握科学研究的一般过程和本质，形成科学思维的习惯；培养热爱科学、尊重科学、相信科学的信念和自信，创造与批判的精神；理解科学技术与自然和社会的关系，以及科学技术对社会和个人的影响。

　　在新的经济形态之下，知识产业将逐步取代传统农业和工业，成为社会生产的主导产业，科技创新能力已成为国际竞争力的一个新的决定因素。而科技创新，基础在教育，中小学理科教学尤为重要。面对知识经济时代，有一种误导：认为科学基础不再重要。这是对知识创新本质缺乏认识的表现。创新从来就不是空洞的，而总是依托一定的知识经验，几乎不存在物质似的所谓创新，也不存在能够脱离知识而存在的单纯的能力。就只是于能力来讲，两者实际上是内容与形式的关系，知识为创新提供原料，创新是知识的转化与整合。我们的任务是给学生尽可能多的有价值的知识，为其创新能力的发展提供坚实的基础。

　　如果把人类数千年的文明积淀视为群山的话，数学和自然科学便是最耀眼的峰峦，精选后的中小学理科知识，就是其中一座座丰富的矿藏。

　　数学，向人们展示的是数与形的学问；物理，向人们展示的是力、热、光、电等物理运动的奥秘；化学，向人们展示的是物质的内部结构及规律……借助这一门门科学知识，学生的实践能力和创新精神才能得以培养和开发。

# 第一节　数学课程中培养学生创新能力的方法

数学知识来源于实践，同时又应用于实践。因此，教师要密切联系学生生活实际，从学生熟悉的生活情景和感兴趣的事物出发，为他们提供观察、操作、实践探索的机会，使他们有更多的机会从周围熟悉的事物中学习数学和理解数学，体会到数学就在身边，感受到数学的趣味和作用，体验到数学的魅力，从而提高学生的创新意识和创新能力。

新一轮课程改革侧重于改变学生的学习方式，而改变学习方式的根本目的是为了培养学生创新精神和实践能力，实现传授知识，发展能力和培养创新三者的水乳交融，让课堂教学充满创新活力。

教育是培养创新精神和创造性人才的摇篮，这就要求教师在课堂上进行创新教学，教学要不断创新，引导学生学会自主探索问题，最大限度地挖掘学生的创造潜能，培养学生的创新素质。下面结合教学实践谈几点体会：

## 一、创设现实生活问题的情境

中小学生的思维以形象为主，而数学知识比较抽象。数学教育是要学生获得作为一个公民所必须的基本数学知识和技能，为学生终身可持续发展打好基础，创新教育必须开放小教室，把生活中的鲜活题材引入学习数学的大课堂。例如在学习了圆柱和圆锥的体积后，教师出示了一个不规则的物体，要求学生想办法求出它的体积。学生通过认真的讨论交流，设计出了一个计算这个不规则物体体积的方案：先将一个规则的容器里放一些水，然后测量并计算出现在容器中水的体积，再将不规则的物体放入容器中，再测量并计算出放入不规则物体后现在容器中水的体积，容器内水的前后体积的差即为这个不规则物体的体积。这样通过交流、讨论、合作等学习方式，既可培养学生与别人沟通的良好能力，也可培养学生的探索思维能力。

又如，在学习了年、月、日后，教师出示了这样一题："某同学年18岁但是他从出生到现在只过了5个生日，你知道是什么原因吗？他是哪年哪月哪日出生的？今年2006年他能否过生日？"学生对此展开了讨论，教师则适当予以提示。学生很快找到了答案：这个同学是1988年2月29日出生的，因为只有闰年才有2月29日，所以除了1988年以外，只有1992年、1996年、2000年和2004年才能过生日，今年2006年不是闰年，因此他今年不能过生日。这样既提高了学生学数学的兴趣，也培养了学生的创新能力和创新意识。

**二、树立创新的信心和勇气**

要使学习获得成功，首要的是树立信心和勇气，创造能力的培养也是如此。在教学中，教师要重视学生自信心的培养，还要注意爱护和培养学生的好奇心、求知欲，对一些学生提出的一些怪想法，不要训斥，轻易否定，那些老师看起来似乎很奇怪的，出乎意料之外的想法或问题，正是学生一瞬间产生的实现创造性思维的火花，学生有勇气和信心战胜困难，勇于创新，这本身就是创造发明的良好开端。

例如在高中数学圆锥曲线这一章节的教学中，在讲授完椭圆、双曲线、抛物线后，有的学生就会提出这样的问题：既然在这3种曲线中，只有双曲线有渐近线，我们可以利用渐近线画图，那么能否利用渐近线去解决一些问题呢？这时我们就可以借机启发学生，渐近线是两条直线，那么在直线中斜率是很重要的，在画图的过程中，我们发现双曲线的开口大小是随着渐近线的斜率而变化的，所以就可以利用渐近线的斜率来判断一条直线与双曲线的交点问题，一个本来是二元二次的问题在此就被轻松地解决了。

在创新中应面向全体学生，并关照个别差异。并非只有好学生才有能力开展创新，应该给每一个学生参与创新的机会。尤其是那些在班级或小组中较少发言的学生，应给予他们特别的关照和积极的鼓励，使他们有机会、有信心参与到创新中来。

在小组合作开展创新活动时，教师要注意观察学生们的行为，防止一部分优秀的探究者控制和把持着局面，要注意引导同学们注意让每一个人都对探究活动有所贡献，让每一个学生分享和承担探究的权利和义务。

例如下面这道高中数学应用知识竞赛题：某超级市场之前一直以商品九八折优惠的方法吸引顾客。最近该超级市场采用了新的有奖销售的促销手段，具体办法是：有奖销售活动自 2004 年 2 月 8 日起，发奖券 10000 张，发完为止；顾客每累计购物满 400 元，发奖券 1 张；春节后持奖券参加抽奖。特等奖 2 名，奖 3000 元（奖品）；一等奖 10 名，奖 1000 元（奖品）；二等奖 20 名，奖 300 元（奖品）；三等奖 100 名，奖 100 元（奖品）；四等奖 200 名，奖 50 元（奖品）；五等奖 1000 名，奖 30 元（奖品）。试就超级市场的收益，对该超级市场前后两种促销办法进行分析比较。

对这两种促销方法的比较分析，学生主要从以下三种途径入手：（1）从总收入入手；（2）从收益率入手；（3）从每万元商品销售款的利润入手。在分析之后会发现不管从哪种途径入手，有奖销售所获得的利润总大于打折销售。

在这种特定的思维环境下，他们还想得更多更远：例如（1）一些学生提出了这样的问题：若销售额不足 400 万，情况又如何呢？（2）还有一些学生提出，商场提供的奖品即商品，商品的价值 72000 元，但商场的实际支出不到 72000 元；（3）另有不少同学指出，奖券的发放是以每 400 元为单位的，而商品的实际价格不一定都刚好是 400 元，所以一张奖券发出，商场的实际销售额远不止 400 元。（4）从顾客的心理上讲，有奖销售的吸引力也往往胜于打折销售。

从以上讨论我们可以看到，学生是很有头脑的，考虑问题也是很周全的，他们关心市场经济，也渴望对生活实际有更多的接触和了解，这对我们今天的数学教学也有很大的启发，有许多问题值得好好反思。

当然，对于某些有特殊学习困难的学生和那些有特殊才能的学生，还要考虑利用其他时机（如课外兴趣活动，也可通过研究性学习、学科竞赛辅导及校本课程等等）给予他们一些专门适合他们水平和需要的任务。

### 三、创设联系生活实际的作业

例：如图所示，有六种图形：

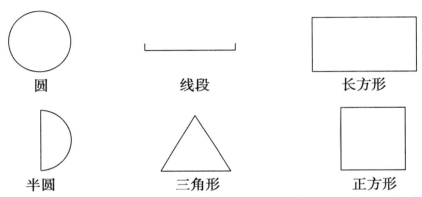

| | | |
|:---:|:---:|:---:|
| 圆 | 线段 | 长方形 |
| 半圆 | 三角形 | 正方形 |

请你用六种图形的若干种（不少于两种，每种图形可重复使用）构造一幅图画，并用一句话说明你构想的是什么？

举例：图  是符合要求的汽车图案。

学生们展示自己的思维想象能力，创作出火车、雪人、蘑菇、太阳、小鸟、蜡烛等等，充分发挥了学生的想象力、创造力。

所以在教学中教师应尽量把生活实际中美的图形联系到课堂教学中，再把图形运用到各种创作设计中，使学生产生共鸣，使他们产生创造图形美的欲望，驱使他们创新，维持长久的创新兴趣。

学生经过教学和课堂练习掌握了一些知识，虽然也能解决一些简单的实际问题，但因为这些实际问题都经过加工处理，学生往往很快会忘记，如果能联系生活实际设计一些作业，学生形象深刻，会容易记住。

如在学习了长方体和正方体的体积后，因为学生对于占地面积和表面积极容易混淆，教师拿出六块同样大小的木板，并请学生量出三块木板的长、宽和高，做两次安放：第一次将三块木板并列平放在地上，请学生计算出这时三块木板的总占地面积是多少平方厘米。然后再将另外三块木板重叠平放在一起，放在地上，再请学生计算出这时三块木板的占地面积是多少平方厘米。通过计算，学生很快知道，三块木板重叠平放在一起时的占地面积小，占地面积的大小同木板的表面积并无关系。这样使学生对占地面积和表面积这两个概念加深了理解。再请学生思考将三块木板并列放在地上，这时三块木板的表面积和是多少平方厘米。将三块木板重叠平放在一起时，三块木板的表面积和又是多少平方厘米。再将三块木板竖着重叠放和横着重叠放，并请学生根据已知的数据分别求出三块木板平着重叠放、竖着重叠放和横着重叠放时三块木板的表面积和各是多少平方厘米。这样使得学生既较好地掌握了表面积的概念，又使学生懂得了不同的放法表面积是不同的。为了加深学生对表面积和体积概念的掌握，教师还要求每个学生从家中拿来一只火柴盒，让学生量出它的长、宽和高，并提问学生：火柴盒的内盒如果不拿出来，这时求它的表面积要求几个面？如果将内盒拿出来，不计火柴盒的厚度，求做一只内盒要多少材料，要求几个面，这时相当于求什么？如果求火柴盒的外壳要用多少材料，又要求几个面？这时又相当于求什么？在火柴盒上做商标，只要求出什么？这只火柴盒占空间的大小是多少？如果火柴盒的厚度忽略不计，这只火柴盒的容积又是多少？火柴盒的体积和它的容积相等吗？火柴盒的容积和体积在什么时候相等？什么情况之下不相等？学生联系实际并经过讨论、交流和合作，很快能将这些问题一一解决，并会认识到，火柴盒里面有很多的学问。这样使得学生不仅再次加深了对侧面积、表面积、体积和容积的理解，并联系火柴盒知道了在实际生活中运用数学要考虑很多因素。同时，也使学生的创新能力和创新意识有了提高。

#### 四、联系实际、创设生活化的数学情境

在数学教学中，如让学生置身于逼真的问题情境中，体验数学学习与实际生活的联系，品尝到用所学知识解释生活现象以及解决实际问题的乐趣，感受到借助数学的思想方法，学生会对生活中常见的各种优惠措施理解得更深刻，真正体会到学习数学的乐趣。因此，教师应努力尝试在数学教学过程中加强实践活动，使学生有更多的机会接触生活和生产实践中的数学问题，认识现实中的问题和数学问题之间的联系与区别。例如，在学习了"用字母表示数"后，教师可以设计这样一道"开放性"的实践题："学校在暑期组织教师前往上海进行七日游活动，重庆到上海的火车票为 $x$ 元，教师在火车上和在上海每天的伙食费为 $b$ 元，要在上海住宿 5 夜，每夜的住宿费为 $a$ 元，在上海的旅游点的门票价和交通费共计为 $y$ 元，问每个教师去上海旅游共需要多少元钱？"老师先请学生用字母表示数，写出每个教师去上海旅游共需要多少元钱。学生很快能写出每个教师去上海旅游需要钱的算式：$2x+7b+5a+y$。在学生写出了算式后，老师还要求学生能联系实际查找资料，估算一下每个教师前去上海共要用多少元钱？这样学生就会前去查找重庆到上海的火车票价，去了解每天的伙食费和住宿费是多少元。

通过这样的教学，不仅调动了学生学习数学的积极性，而且使学生体会到了创新来自实践的道理，同时也培养了学生的创新能力。

又如在讲了"折扣"这一内容后，出示这样一题："某书店为了推销《数学词典》，打出了这样的广告：《数学词典》每本 10 元，购买 200 元以上（含 200 元）的给予九折优惠，购买 500 元以上（含 500 元）的给予八折优惠，假如我们班上 42 人，每人均要购买 1 本，你能不能设计一种最好的购买方案，使每人出最少的钱并购买到《数学词典》。"这样学生根据已学过的知识，都能很快设计出以下的几种方案：方案一：每人都买，各人付各人的钱，全班共要付钱：$10×42＝420$（元）；方案

二：全班合起来买，总价超过 200 元，应按九折付钱，$10×42×90\%=378$（元）；方案三：想办法和其他班合起来买，使总价超过 500 元，这样可得本班应付：$10×42×80\%=336$（元）。学生通过将这三种方案相比较，显然可以知道是第三种方案最好。这样通过让学生积极参与并启发学生思维，鼓励学生大胆猜测，勇于质疑，在自主参与、合作探究中拓展实践思路，不断享受成功的体验，感受创造过程中的无限乐趣，对于提高学生应用数学知识的能力和增强学生的积极性都十分的重要。

综上所述，教师在教学实践中，要能选取密切联系学生生活、生动有趣的素材，使得学生能比较容易地找到相应的实物或者模型。在教学中教师应该结合生活实际，抓住典型事例，教给学生思考方法，让学生真正体会到数学学习的趣味性和实用性，使学生发现生活中的数学，喜欢数学，这样的教学既有利于教师的组织教学，也利于学生的操作探索。同时还可让学生经历应用数学分析问题和解决问题的过程，积累数学活动的经验，在解决实际问题中享受成功的乐趣。

# 第二节　物理课程中培养学生创新能力的方法

物理学是一门以实验为基础的自然科学。怎样在物理教学中创新实践，突出以学生发展为本，培养学生的创新精神和创新能力，使学生的发展性学力和创造性学力不断得到培养，这是摆在我们面前的一个急迫任务。新课改的实施，改变以往的封闭式教学，教师和学生的积极性都得到了极大的尊重和发挥。由于学生的积极参与，学生的创新能力得到充分的发展。教师要帮助学生在学习的道路上迅速前进，教会学生应对大量的信息的同时，教师更多的是一个向导和顾问。在创新教育体系中，师生关系将进一步朝着教学相长的方向转化和深化。

## 一、精心设计情景，激发学生学习兴趣

教学情境就是向学生提供一个完整的真实的问题情境，用来丰富

学生感情，启迪学生思考探究，引导学生联想，激发学生学习兴趣。兴趣是最好的老师，没有兴趣，就没有创新。在教学过程中，教师要吃透教材，根据教学内容和教学目标，精心设计。例如在教学"运动、静止、参照物"等概念时，先向学生展示一幅城市风光图，然后提问：(1) 从图上，你们看到了什么？如房屋、汽车、树木、桥、水、船只、鸟、飞机等。(2) 你们看到的物体哪些是运动的，哪些是静止的？如水在流动，鸟儿在飞，汽车在奔驰，船在航行等。(3) 房屋、树木、桥是运动的，还是静止的？让学生充分讨论，再进行引导，判断一个物体是否运动时，要拿另外一个物体做标准，只有先确定标准，才能判断该物体是运动的还是静止的。(4) 我们说房屋是静止的是以什么作参照物的？我们说是它运动的，又是以什么为参照物的？(5) 如果我们坐在那条运动的船上，以船为参照物，哪些物体是运动的？哪些物体是静止的？这样，一幅幅物体做各种运动或静止的景象在他们的大脑中构成，运动和静止是相对的，动中有静、静中有动，最后归纳出运动、静止、参照物等概念。这样，通过学生的观察，引发学生联想，激发学生学习兴趣，同时使学生对这些知识有了更深刻的理解。

　　二、设置疑问，引导学生思考

　　教学的目的，不仅仅是让学生理解前人发现的知识，而是要让学生学会自己去发现、去探索、去研究。教师的引导，主要体现在教学设计和教学组织上，教学设计时不要只设计唯一的思想和方法，重要的是设计"思考点"，教学组织过程中要引导学生探究，鼓励提出不同意见，激发求异思想，培养创新能力。例如在讲"摩擦力"这一内容时，为了突出摩擦力跟我们日常生活密切相关，我们提出这样一个问题，让学生讨论思考："假如从此刻开始，我们周围的摩擦突然全部消失，世界将会变成什么样？"这一下子像是一石激起千层浪，学生的直觉猜想思维被完全激活：走路会摔跤、房屋会倒塌、来一阵风就能把停在路边的汽车吹跑、自行车原地打滑、流星将高速的冲向地球、猴子爬不上树……通过共同探讨分析，学生深切地感受到，我们的生活其实离不开摩擦。又如在讲"牛顿第一定律"时，可设计以下几个问题：一是"原来静止的物体是在什么条件下保持静止的？"让学生相互讨论，结论很容易得出。接着，用手推动黑板擦在讲台上移动，一松手，黑板擦就停了。由此，又提出第二个问题："什么是维持物体运动的原因？"让学生思考，并让学生自己动手做一做：放一本书或别的物体在课桌上试一试。看谁的观点正确，互相辩论。当学生有初步正确的认识后，提出下面的第三个问题："已经在运动的物体，在什么样的条件下，能保持这种运动？"通过引导学生观察实验，并在实验的基础上分析、推理，并归纳出结论。然后，让学生阅读教材内容，看伽利略、牛顿等科学家是怎样研究这个问题的，使学生全面了解牛顿第一定律发现的历史过程，从而更深入地理解牛顿第一定律。在整个教学过程中，通过设置疑问，让学生在教师的引导下，主动地去探索，使得学生的创新思维得到充分发展。

### 三、重视探究实验，培养探索精神

物理是一门以实验为基础的学科，实验在物理教学中具有十分重要的作用，因此在物理教学中，尤其是在实验教学中，注意不断激励学生，提高学生的创新能力。在中学物理实验教学中应如何培养学生的创新能力呢？

（一）改变课内实验教学模式，培养学生的创新能力

传统模式的演示实验一般只是教师操作，学生旁观，没有直接参与，不利于其创新能力的培养。将演示实验改为探究性实验，让学生充分地动脑，充分发挥学生的主体作用，使学生大胆猜想，由学生代表按自己的设想动手完成实验。这种通过实验得出结论的方法，不仅使学生对本部分知识掌握得非常牢固，同时更有利于学生创造性思维的激发。在实验教学中，教师要设法控制模拟物理现象，排除次要因素，突出主要因素。课堂是允许学生犯错的地方。实验课上，要使学

生大胆设想，大胆实验，细致观察，深入思考，以提高学生的观察能力、实验能力和创新能力。例如，在讲授"托盘天平的使用"时，教师可以先提出问题：如何测出一支笔的质量？要求学生先自主思考，然后两人一组进行操作，并把不会的问题记录下来。面对从来未使用过的天平，如何调平衡，如何放砝码，如何读数等，学生就要观察、思考，想办法。教师根据学生存在的问题，有针对性地指导：（1）调平衡前，砝码应放在什么位置。（2）调平衡时，平衡螺母应怎样调节。（3）调平衡时，用其他物品（如硬币）调平，是否影响质量的测量。（4）读数据时应注意什么？这样，通过学生亲自操作、亲自体验，互相解决不会的问题，而教师抓住时机，针对学生操作中存在的问题，边讲解、边实验，并让学生对照自己的操作，找出自己做对的地方和做错的地方。在学生懂得了正确的方法之后，让他们按正确的步骤重新操作一遍。又如在讲"阿基米德定律"可以拿两个一模一样的空牙膏壳进行实验：先将一个捏瘪了放进盛水的容器里，会看到牙膏壳沉下去了。同时，使另一个牙膏壳鼓起来，也放进水里，会看到它却浮在水面上，并没有下沉。这时，让学生对刚才所观察到现象进行思考：为什么同样的一个牙膏壳瘪的就下沉，鼓的就上浮？面对这种"矛盾"的事实，学生会想到，牙膏的质量一定，鼓的上浮，鼓的牙膏壳比瘪的牙膏壳受到的浮力一定要大，那么决定浮力的大小的因素又是什么呢？让学生充分讨论，提出猜想：鼓的牙膏壳，其体积变大了，它排开的水的体积多，所以浮力的大小，就可能与排开的水的体积有关。（当然，学生也会有其他猜想，教师可以针对性地做适当解释。）然后，再按教材上的实验方法，一边实验，一边让学生观察，一边分析，最后得出结论——浮力的大小等于物体排开的水（液体）的重力。为了加深对"阿基米德原理"的理解，在得出阿基米德原理后，进一步探讨决定浮力大小的相关因素，并把学生的一些认识展示在黑板上。如：（1）物体的密度越大，浮力越大。（2）液体的密度越大，浮力越大。

（3）浸入液体越深，受到的浮力越大。（4）物体的形状不同，受到的浮力不同。……对于这些认识，要借助实验来论证。可以让学生自主设计实验，合作探究、解决问题。

（二）鼓励学生做好课外实验，培养学生的创造能力

各种物理实验，从某种意义上说，都是一种特殊的、直观的实践。学生在动手完成各种课外实验的过程中，思维异常活跃，学习欲望高涨，参与意识增强，都迫切地希望进一步探索问题。在这种情况下，教师再给予适时鼓励，帮助学生完成这些实验，使学生具有成就感，提高学生的探究意识，学生的创新能力也会不断提高。教师也应适时讲评，给学生提供参与学习的机会，进行知识的互补，从整体上提高学生的创新能力。如电动机的制作，学生可课外完成，这样既锻炼了学生的动手能力，又提高了学生的创造能力。

（三）保持积极态度，主动探究，在探究过程中提高创新能力

学习不是一蹴而就的，需要坚强的毅力和积极的心态，否则，只能是半途而废，无功而返。在实验教学过程中，注意培养学生的实验兴趣，引导学生注意观察自己身边的一些简单的物理现象，并自己设计实验，探究为什么会有这样或那样的现象，从中得出结论，并对其进行分析总结，在学生的探究过程中逐渐提高学生的创新能力。通过物理实验教学，培养学生主动探究的精神和创造性的发现、思考和解决新的实际问题的能力，从而更好地提高学生的创新能力。

**四、通过灵活多变的习题课教学，提高学生的解决实际问题的能力**

（一）一题多解

一题多解，就是广开思路，根据已有的知识、经验的全部信息，从不同角度，沿不同的方向，进行各种不同层次的思考、多解、触点，全方位寻求与探索问题的解决方案，使思维得到发散，通过比较、总结寻求最佳的解题方法和思维方式，培养学生的创新能力。如：茶杯装开水并盖紧杯盖，当杯内水冷却后，杯盖不容易打开，这是生活中

的常见现象，要求学生利用所学知识想办法打开杯盖，这样展开丰富的想象，可得到很多切实可行的方案：（1）改变压力。如降低杯外气压（放入低气压器中）或增大杯内气压（给水加热），还可把杯盖撬开一点小口让空气进去，使杯内外气压相等；（2）增大摩擦力，如使杯及盖粗糙；（3）利用杠杆使杯盖转动方便；（4）更有人提出在杯盖上钻一小空；（5）再盖上一小盖，开盖时，先打开小盖，使盖内外压强相等，便能容易打开杯盖等。

（二）多题一解

多题一解，可以培养学生求同思维，可以引导学生思维方向集中于同一方面，这样有助于学生提高解题方法，克服他们解题的盲目性。用惯性知识解题，如：（1）站立在汽车上的人，当汽车突然开动时人会向后倾，而碰到障碍物紧急刹车时人会向前倾，为什么？（2）人坐在匀速运动的船上，此时用手竖直向上抛出一小球，物体下落时应落在何处（不计空气阻力)？（3）在轮船的水平桌面上放着一个气泡水准仪，水准仪的气泡突然向前移动，由此可见轮船航行时可能发生了什么现象？（4）人走路时踩到西瓜皮上为什么向后跌倒？其实这些都属于同一类题目，通过不同的现象，抓住其本质，达到对某一类型题目的基本解法，有利于学生创新思维能力的培养。

（三）一题多变

一题多变，就是通过保持原命题的发散点，变换形式发散思维，主要包括题型变换、条件变换两种形式。通过一题多变，能激活学生思维的广阔性、发散性，使学生能从不同角度去观察问题、思考问题，提高学生思维过程的整体性、严密性来巩固所学知识。如：以讲《压力和压强》一课时研究对象进行多角度思考。以课本实验中压强小桌为例，可以编写这样的例题：（1）压强小桌和铅球共重 40N，桌面接触沙面面积为 $100cm^2$，求小桌面对沙面的压强是多大？（2）压强小桌和铅球共重 40N，小桌每只脚接触沙面的面积为 $1cm^2$，求小桌面对沙面的压强是多大？并将两次计算结果进行比较。这样的设计方法，使学生对所学知识有了很好的巩固，突破了受力面积这一难点。通过一题多变，使学生举一反三，触类旁通，训练学生思维的灵活性和变通性，从而达到巩固知识和培养创新思维能力的目的。

（四）一题多问

一题多问，就是拓宽学生解题思路的先导，使问题逐渐加深，引导思路逐渐深化，有效地培养学生思维扩散性和深刻性。如：举世瞩目的第 29 届奥运会于 2008 年 8 月在首都北京举行，奥运圣火传递如火如荼。请从物理学的角度，思考并回答下列问题：1. 奥运会吉祥物"福娃"活泼可爱，请分析：（1）用力踢足球，足球会飞出去，说明力能使物体的什么发生改变？（2）投篮时，篮球脱手后在空中下降的过程，福娃对篮球做功吗？（3）击出的羽毛球能在空中继续飞行，是由于羽毛球具有什么性？（4）用桨向后划水，皮划艇会前进，这是由于力的作用是什么的？2. 奥运会火炬"祥云"的设计充分体现了科学与艺术的融合。请回答：（1）红色是火炬的主色调，从光学角度看，火炬的主要部分之所以呈现红色，是因为火炬"重 985g"，用规范的物理语言表述应该是火炬长 72cm，火炬手手持火炬静止时，应对火炬施加的竖直向上的力约为多大？（要求写出计算过程）（2）火炬外壳使用到金属材料铝，这主要是因为（　　）。A. 铝的导热性差；B. 铝的磁性强；C. 铝的导电性好；D. 铝的密度小。（3）"人文奥运""绿色奥运"是北京奥运会提出的重要理念。"祥云"火炬的设计在很多方面体现出这些理念，体现了"对人的关怀""对环保的重视"。请根据提供的信息，从物理学的角度简要说明"祥云"火炬的设计是如何体现这些理念的？（只要求回答其中一点）。

（五）开放性习题

开放性习题，就是给出题设条件，而结论只给出部分或不给出，结论并不是唯一的，需要解题者积极探索方可解决，这类试题可激发学生的求知欲，能检测学生的开放性思维和批判思维能力。例：2005年10月我国用长征二号火箭在酒泉发射中心成功发射了"神舟"六号飞船。（1）根据你从电视上观察它的起飞和运行过程，列举出与此次事件相关的两个不同的物理知识。（2）航天员穿的宇航服作用很多，请你指出两点。（3）我们猜想一下两位宇航员如果在轨道舱做实验和进行体能锻炼，下列哪些是能够进行的？填写序号。①用天平测矿石样品的质量；②用弹簧测力计测物体受到的重力；③做滚摆实验；④做托里拆利实验；⑤用温度计测温度；⑥用显微镜观察洋葱表皮；⑦举哑铃；⑧做俯卧撑；⑨用弹簧拉力健身器健身；⑩引体向上。这是一道从物理到社会的习题，物理课程培养目标是提高全体学生的科学素质，让他们关心科技发展，学生不仅应学习物理知识和技能，还应知道这些知识在科技方面的应用，了解科学、技术、社会，逐步树立科学的世界观。

**五、突出学科间联系，实现资源共享，加深学生对知识的理解**

学生学习的各学科间是相互联系的，物理学并非独立于各学科之外。传统的教学单纯地学习物理知识，易造成学生疲惫、枯燥无味的感觉。因此教师在课堂上要拓宽学生理解知识的渠道，从相联系的学科中寻求物理知识的真谛，以提高学生学习物理的兴趣，把物理知识学扎实。物理与数学的联系最紧密，数学是表达物理概念、规律的最简洁、最准确的语言，用数学公式和图象表达物理内容，利用数学方法来阐释原理，学生容易接受。物理与化学就像孪生姐妹一样，它们从微观上研究的领域完全相同，对知识的理解有共同的地方，能够相互融合，相互促进，共同提高。物理与生物也密切相连，如生物中的光合作用在物理中就要研究其过程中的能量转化，生物化石也是物理学研究的一个体系等等。物理与语文也是紧密联系的，中国古代的诗词中许多描写很形象地揭示了物理学中运动与静止的关系，把物理知识以"自述"的方式写成小论文，以对联的方式组合物理知识等等，都有助于学生对物理知识的理解。不再看重教材的本位，教师要根据学生实际，尽可能让学生到更广阔的知识大浪中去拼搏，去奋进，才能够让学生的身心得到全面发展。

**六、重视物理学史的教学，培养学生创新能力**

进行科学创新必须具有强烈的创新意识，在物理发展史中，由于科学家强烈的创新意识而导致新理论、新成果产生的例子不胜枚举。伽利略在观察船上挂的油灯的摆动时，强烈的创新意识促使他进行更深入的研究，直至发现了摆的等时性。更有科学家由于缺乏创新意识，使自己与伟大的发现失之交臂，成为历史的遗憾的案例，如约里奥·居里夫妇对中子相遇而不相识，而被具有强烈创新意识的后来者——查德威克发现了，就是一个典型例子。在课堂教学中通过引入物理学史的典型案例，重温科学家的科学发现过程，创设一种特殊的教学情境，采取多种形式激发学生的创新意识。又如，1820年奥斯特发现了电流的磁效应后，很多科学家根据事物联系的普遍规律提出了它的逆效应是否存在，即"磁"能否生"电"？法国科学家安培、菲涅耳，瑞士科学家德拉里夫、科拉顿等都作了不少探索，均无收获。英国物理实验大师法拉第凭借着他强烈的创新意识，惊人的洞察力，领悟到"磁"生"电"是一种瞬时效应，经过十年艰苦的探索，终于在1831年通过实验发现了"电磁感应现象"，并建立了著名的"电磁感应定律"。尽管科拉顿及美国科学家亨利为之奋斗均仅差之分厘，但发现电磁感应的桂冠最后还是理所当然地归于了法拉第。通过这些物理史实，使学生了解物理学理论诞生的艰难曲折过程，以及科学家们探索追求真理的真实故事。展示前人揭开物理世界奥秘的探索历程，对激发学生创新意识具有十分重要的意义。从认识的角度看，物理教学是一种特殊的认识活动。为了突出这种认识活动的特点，物理教学中结合有关内容，让学生了解物理创新的产生背景和过程，补充和传授相关的物理学史知识，不仅可以培养学生的学习兴趣，还可以使学生熟悉科学家发现规律的思维过程和科研方法，以此来培养学生的创新意识。整个物理学的发展史，就是一部创新探索的历史，我们可以从丰富的物理学发展史中，截取创新教学的素材，经科学选择与整合，作为师生互动的典型案例运用于教学过程中，再现科学家当年的研究历程，构建一种近乎真实的创新教学氛围，能够切实有效地激发学生的创新意识。

### 七、通过丰富多彩的课外活动，培养学生综合实践能力

课外科技活动是丰富学生精神生活、扩大视野、陶冶情操、激励创新的有效阵地。通过小制作和小实验等物理实践活动，给学生提供了更多的动手、动脑和自我发展的机会，能充分挖掘学生潜在的创新素养，不断提高学生知识的应用能力，还能发展学生的个性、特长和创新技能。总之，物理教学不但要传授知识，更重要的是指导学生进行思考，启迪学生的创造思维，培养学生的创造性思维能力。在教学实践中，只要我们努力探索、勇于革新，把学习与创造、模仿与创新、理性与幻想有机地结合起来，就一定能有效地开发学生的创造潜能，培养学生的创造性思维能力。

# 第三节　化学课程中培养学生创新能力的方法

化学是未来世纪的中心学科。如何发挥化学教育的优势，在学生创新能力的培养上发挥着重要作用。化学教育使学生学会运用辩证唯物主义的观点、方法分析和认识化学问题，还能使学生养成尊重事实、实事求是的科学态度，严肃认真、一丝不苟的科学品质，克服困难、坚韧不拔的科学作风和勤学好问、勇于探索的科学精神。

创新是多种思维和能力的展示和综合，是多重实践的迭加和智慧的结晶，而基础教育中的创新能力，是指学生的一种自我发现和自我超越能力，是学生群体对自然规律及学科研究方法进行学习和探究的一种综合分析能力。中学化学中的创新教育不是去开拓和创新未知的

知识和知识体系，而是创设一定条件和氛围，引导、启发学生去模拟、探究原科学家的实践活动过程，发现"新"现象，通过联想、判断和综合分析，归纳出物质呈现如此现象的本质和规律。这就是中学化学中的创新教育。美国教育学家杜威早就指出"任何知识的学习，既是为某一理论提供依据，又是创新和形成新理论的素材"。

在平时的教学中，要着重发展和提高学生的化学智力，培养学生的观察力、想象力、思维能力和创造能力，有意识地进行教学导向和设计，将有助于学生运用创新的观念和模式，进行知识的学习、实践和应用（动手、动脑），增长创新才能。现阶段的中学生接受知识的能力强，接受知识的渠道丰富，有着自己对事物的见解，特别是高中生思维活跃，有敏锐的观察力，具有一定的分析能力。

**一、课堂教学培养创新意识**

现代的创造教育观认为：现代的结论并不是很重要的，重要的是得出结论过程；现在的真理并不是最重要的，重要的是发现真理的方法；现成的认识成果并不是最重要的，重要的是人类认识发展过程。

杨振宁教授在一次科技报告会上说过，"为什么中国的学生不提问？"因为我们的教学总是先学经典的理论，再去解释生活现象，学生的任务就是理解经典理论。我国学生缺乏创新能力的根本原因之一是不会提出问题。诺贝尔物理奖获得者李政道教授说过："学问，就是学习问问题。但是，在学校里学习一般是让学生学'答'，学习如何回答别人已经解决了的问题。"爱因斯坦曾说过："提出一个问题比解决一个问题更重要"。现代心理学研究认为疑问是思维的导火索。"提出问题能力"是创新人才素质的重要组成部分，是创造发明的源泉之一，更是学生终身可持续发展的基础和能力的重要方面。因此，在使用新教材的教学中必须注重培养学生提出问题的能力。

我国现行教育非常重视研究教师如何设计问题，忽视培养学生提出问题的能力，以致大多数学生提出的问题仅仅是做不出的习题，提不出高质量的问题。因此要培养出一大批富有创新意识，适应社会需要的栋梁之材是多么需要教师们重视培养学生"提出问题的能力"。

**二、培养学生"提出问题能力"的方法**

（一）引导学生敢于提出问题

学起于思，思源于疑。认知心理学研究表明：怀疑是探求真理的前提和基础。化学教学中，要有意识引导学生敢于怀疑和敢于批判。

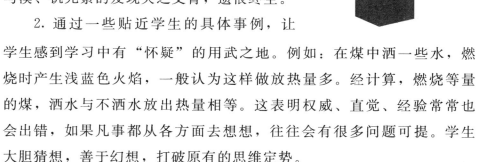

1. 通过化学史教育，让学生认识怀疑的重要性。介绍波义耳、雷利、巴拉尔、柯尔柏等科学家因具有敢于质疑的创新精神而获得重大发现，相反科学家李比希、维勒因没有怀疑已观察到的"异常"现象，使他们与溴、钒元素的发现失之交臂，遗恨终生。

2. 通过一些贴近学生的具体事例，让学生感到学习中有"怀疑"的用武之地。例如：在煤中洒一些水，燃烧时产生浅蓝色火焰，一般认为这样做放热量多。经计算，燃烧等量的煤，洒水与不洒水放出热量相等。这表明权威、直觉、经验常常也会出错，如果凡事都从各方面去想想，往往会有很多问题可提。学生大胆猜想，善于幻想，打破原有的思维定势。

爱因斯坦说过，想象比知识更重要。在教学过程中不但要鼓励提问，鼓励学生对问题提出大胆地想象，有位科学家说的好："没有大胆的猜测，就做不出伟大的发现。"教师要善于鼓励学生不拘于一般思维模式，大胆地去猜疑，标新立异。杨振宁博士也提出："科幻，常常是创造发明的先导。"因此教师要积极探索，帮助学生冲破现有知识的局限性。启发学生积极地开展思维活动，引导他们去猜想，这不仅有利于知识向能力的转化，而且会使学生的思维活动越来越开阔，使学生的创新能力得以提高。如：初中复习酸、碱和盐的 pH 值时，知道酸的 pH 是小于 7，碱的 pH 大于 7，盐的 pH 怎么样？大多数的学生说等于 7，极少数学生说可能会小于或大于 7。通过实验对几种盐的 pH 测定，这三种答案均可能，并提问：碳酸钠的俗称是什么？再如：在介绍金属钠的性质时，观察钠与水的反应现象，发现钠熔成一小球，一位学生就提出：为什么钠熔化后变成小球而不是其他形状？教师当场就表扬了这位学生，认为他观察细致，善于发现问题，并向大家解释是因为受液体的表面张力影响。

当学生提出新颖、古怪的问题或没有按常规方法解决问题时，常常得不到教师的鼓励，甚至遭到批评，以至于这种求新、求异、独立思考的动机逐渐消失殆尽。在教学中教师要力争给学生尽量多的时间和空间，鼓励提出不同见解、新颖的问题和别具一格的解题方法，因势利导培养学生求新求异的思维动机。

（二）培养学生"提出问题能力"的途径

在备课和教学中，教师要站在学生角度，进行"心理换位"，模拟学生提问，启发学生。由于新知识的不断出现，化学中新反应、新方法、新物质层出不穷，物质的新用途不断开发，课本知识永远滞后于知识创新的步伐，课本中许多知识和观点已不符合实际，甚至是错误的。要引导学生读纸面上的字，想纸里面的字（即学会思考）。针对知识衔接点、知识自然生长点、概念易混淆点、关键字提问。例如："饱和溶液"定义中"这种"的含义是什么？同一个化学反应方程式的化学计量数比都是固定的吗？通过这些问题的提出、讨论，加深了对教材知识的理解和掌握。

生活离不开化学，化学源于生活。从这个角度提问，可以说是取之不尽，用之不竭。例如：为什么在冰雪的路面上撒一些氯化钠，冰雪就容易融化？酒精的凝固点是－117.3℃，而烧火锅用的是固体酒精，它是怎么制成的？液化气的主要成分是无气味的烃类，而家庭用的液化气为什么有臭味？看上去很简单的一个问题，真正解决它，可能要用到许多高深的化学知识，但这是没有关系的。正是有很多我们暂时还不懂的问题，所以我们才有认真学好化学的需求，可以说一个个的问题正是学习的持续动力。

（三）鼓励学生"提出问题"

教师要创造机会让学生提出问题，如每节课留几分钟时间让学生思考，对敢于向教师提问的学生给予表扬与鼓励。还要根据课堂中出现的意外情况，善于抓住机会鼓励学生提问。例如，在教学中教师出现了笔误或者知识性错误，一旦发现后不要立即向学生声明，鼓励学生大胆提出问题。

鼓励学生多"提出问题"中，要注意：对学生提出的问题，教师要耐心与学生一起探讨、解答，即使一时难以回答的问题，教师也要通过查资料，请教同行及时给学生一个较满意的答案，切莫不了了之。还要善于从他们所提出的问题中挖掘闪光，恰当地加以解释、引导，只有这样才能让你的学生喜欢提问，并且使他们的质疑能力越来越强，提出问题的质量越来越高，从而不断培养他们的创新意识。

**三、联系生活实际，启迪和培养学生创新思维**

化学学科中联系生活实际的内容很多，培养学生学习兴趣的"动情点"也较多，教师要科学的挖掘，合理的使用好这种素材，并注意联系社会和生活实际，让学生从自己组织和设计的实践中学会思考、学会组织、学会分析，使创新思维能力得以维持和发展。如在学习了《二氧化碳》这一节后，教学生自制汽水：取一个洗刷干净的汽水瓶，瓶里加入占容积80％的冷开水，再加入白糖及少量果味香精，然后加入2g碳酸氢钠，搅拌溶解后，迅速加入2g柠檬酸，并立即将瓶盖压紧，使生成的气体不能逸出，而溶解在水里。将瓶子放置在冰箱中降温。取出后，打开瓶盖就可以饮用。这活动既培养了学生的创新思维，又提高了学生的动手能力和处理问题能力，增强了学生对知识的感性认识，激发学生把知识应用于实践的渴望和兴趣，使创新思维得到了有效的延续。

化学教学中教师应积极、有效地组织和引导学生参加各种实践活动。实践能激发学生的好奇心与求知欲，提高学生分析、解决实际问题的能力，对于学生创新能力的开发具有重要作用。也可以专门构建化学活动课，如精选科普读物和化学杂志，组织学生阅读，举办科学讲座、参观化工厂、观看科技影视片，以扩大学生视野，感觉日新月异的化学发展和化学新成就。引导学生大胆实践，多让学生取得应用知识解决问题的经验。获得直接经验，有助于理解间接经验，两者只有互相联系，才能有更可靠的发展。

**四、重视实验教学，培养创新能力**

化学是一门以实验为基础的科学。实验是化学知识的源泉，是化学教学的重要环节，最具备培养学生的创新、实践能力的作用。做实验的目的，并不是让学生只学会操作，而是要求学生熟悉实验原理，突破教材框架的限制，不受传统思维和教学模式的束缚，大胆设想，寻找完成实验的最佳途径，以达到培养学生创新思维和创新能力的目的。要让发展学生创新精神和实践能力为核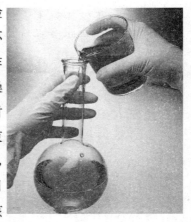心的素质教育在课堂教学主渠道上得以真正落实，切实提高教学质量，就必须重视实验教学。通过实验引入概念，通过实验得出规律，通过实验检验猜想，通过实验发展新知。

（一）做好演示实验，激发兴趣，培养创新能力

好奇心是创新的动力。针对初中生的特点要十分重视学生兴趣的

培养、开发和利用。因为兴趣是人积极认识事物或关心活动的心理倾向，是人学习活动的动力机制，这种动力来源于兴趣和学习观察。从心理学角度看，实验能够吸引学生的注意力。面对实物，亲手操作、尝试，体会"发现"和"成功"的喜悦，会激起学生强烈的兴趣。著名的教育家孔子早在二千多年前就曾经说过："知之者不如好知者，好知者不如乐知者"。有了兴趣才会去探索、去创新。对于中小学生来说，特别是还处于少年时代的初中生来说，兴趣尤其重要。从学生兴趣入手，通过激发可大大提高学生主动参与创新的积极性。

教师应根据学生的不同阶段，采用不同的教学设计，积极引导学生，让学生相信，只要愿意独立思考、不抄袭、不"人云亦云"，也是创新能力的表现。以下是一位教师的体会："初中学生刚接触化学时，我曾做过一个实验，在两个烧杯中逐个加入无色溶液，分组让学生闻一下，并判断哪一种是水，哪一种是酒精。实验结果：90%的学生指出 A 烧杯是水或 B 烧杯是水，只有 10% 的学生说分不清楚，结果我表扬了这 10% 的学生，因为我在两个烧杯中放的均是水，这些学生不受常规思维影响，不受教师和其他学生的影响，这就是创新能力的表现。而后鼓励学生学习化学必须要尊重事实。"事实上化学教材中有许多内容都蕴藏着丰富的创新意识和创新思维，这既是学生学习的对象，又是发展学生思维的最好题材。这就要求教师积极引导，唤起学生创新意识。如：初中化学在学习"酸、碱和盐的概念"时，先让学生写出三组电离方程式：

$Ba(OH)_2 = Ba^{2+} + 2OH$    $Na_2CO_3 = 2Na^+ + CO_3^{2-}$    $H_2SO_4 = 2H^+ + SO_4^{2-}$

$NaOH = Na^+ + OH^-$    $CaCl_2 = Ca^{2+} + 2Cl^-$    $HNO_3 = H^+ + NO_3^-$

$KOH = K^+ + OH^-$    $(NH_4)_2SO_4 = 2NH_4^+ + SO_4^{2-}$    $HCl = H^+ + Cl^-$

学生根据电离方程式，先讨论找规律，而后用文字表达出来，学生的创新意识马上被激活了，在教师的帮助下，得到正确的结论。

高中化学学习时，在学习了碱金属的性质及元素周期律的知识后，学习新知识：氧族元素。采用学生先阅读，然后根据这两章的知识，经老师因势利导，学生自己总结和掌握氧族元素的规律：

1. 电子层数随核电荷数的增加而增加，原子半径依次增大。

2. 非金属性随核电荷数的增加而增强。

3. 主要化合价为－2。

4. 最高价氧化物对应水化物的酸性随核电荷数的增加而减弱。

5. 氢化物的稳定性随核电荷数的增加而减弱。

这样调动了学生的主动性、积极性，促使学生能发现问题、分析问题、勇于探索、大胆创新。

自由活动是人发展的内在依据，学生的学习尤其如此，皮亚杰的学说曾坚信："学生自己也独立学习，是主动的参与者"。我们要使学生主动参与到教学过程中，让学生学得主动，就必须把课堂上的学习自由"还"给学生。否则，学生就不可能有主动参与的积极性，也就没有发现问题、发展能力的机会，更谈不上创新精神和实践能力的培养。从根本上改变了以讲授为主，而对学生创造性学习能力培养不足的教育方法。积极为学生创设展示思维的条件和机会，有充分的空间让学生展示思维，并帮助学生展示思维，激励其主动探究问题。放手让学生去做、去想、去讨论、去"发现"概念和规律，尽量让学生提出问题，大胆猜想。

（二）上好学生实验课，提高兴趣，探索创新能力

求异是创新的核心。从创造学的角度看，学生实验最能够活化学生学到的化学知识，培养学生手脑并用的实践能力和探索创新能力。要使化学实验教学取得最佳效果，充分开拓学生的创造思维，使学生的创新意识显现，首先应做好实验教学设计。在教学过程中，既要用

化学的科学知识、思维方法来指导化学实验教学的设计，又要以化学的有关教学原则和新的教学思想指导化学实验教学的设计。我们教学中，其实有很多实验的安排，都是为培养学生创新能力而设计的，只要我们能充分地加以利用，学生肯定会在实验中受益匪浅。同学们都知道 $MnO_2$ 可以作为 $KClO_3$ 加热分解制取氧气的催化剂，若用 CuO 加入到氯酸钾当中去作催化剂，加热制取氧气可行吗？通过学生实验，让学生探索 CuO 作催化剂制取氧气的情况。学生通过实验会发现 CuO 也可以作 $KClO_3$ 加热分解制 $O_2$ 的催化剂，在教师的指导下去比较（相同条件）CuO 与 $MnO_2$ 作催化剂制氧气的快慢程度，这样学生的自主实验能力得以发挥，同时也促使了学生创新能力的培养。其实，只要我们注重教材中实验的教学，学生一定会提出和发现很多问题，创新能力自然会培养起来。

（三）引导学生设计实验，巩固兴趣，发展创新能力

毅力是创新的品质。通过演示实验和学生实验，虽使学生有了初步的创新意识、创新能力，但仍需巩固和发展。因此，我在教学过程中特别注重培养学生的创新毅力，激发学生的创新潜能，发展学生的创新能力。设计实验是培养学生进行科学实验研究的初步尝试。这类实验体现了学生综合运用化学基础知识、实验技能和实验方法来解决化学问题的独立工作能力。逐步增加这类实验的次数难度，引导学生自觉地、积极地独立设计并完成实验，不仅有利于培养学生的研究和创造力，而且对他们学习化学是十分有益的。

学生通过学习一段时间后，不仅具有了一定的化学基础知识，而且也掌握了一定的化学实验操作技能。学生可以不必按教材中所述的实验方法和步骤，只要按教师提出的要求和已经学过的实验原理和方法，设计出实验方案，写明实验器材、步骤及注意事项等，经教师审核后，学生便进行实验，鼓励学生大胆尝试。例如学习了"酸碱度及pH"后，要求设计测定某一地块的酸碱度，并找出补救措施，激发学

生用学到的文化知识去解答日常生活中的化学问题。在学生尝试过程中，教师应尊重学生的创新精神，使学生树立自信心，大胆地去探索，去实践。同时，应注意做好实验后的小结，指出学生设计方案的优劣，逐步使学生掌握设计实验的要领和规律。

课外活动的开展对学生学习科学文化知识，发展学生的个性品质和培养学生能力等具有重要意义。教师可充分运用化学课外活动，组织和引导学生开展化学实验设计，如设计日常生活中的小实验，解答某些混合物分离的实验等。让学生运用所学知识技能，开展化学实验设计，开放实验室，让学生独立进行实验，对培养和提高学生探索精神、设计实验能力和创新能力具有十分重要的作用。同时，这项活动的开展可以提高学生学习兴趣，促进学生学习化学的积极性，对将来走向社会，搞好化学研究具有深远的现实意义。

戴安邦先生说过："只能传授化学知识和技术的教育是片面的，全面的化学教育要求既传授化学知识和技能，又训练科学的方法和思维，还培养科学精神和品德。"学生在化学实验中是学习的主体，在教师指导下进行实验，训练用实验解决化学问题，使各项智力因素皆得到发展。只要我们在今后的教学改革中，继续坚持教师创造性地教，使学生能创造性地学，充分挖掘教材的创造性因素和学生的创新潜能，找准结合点，使创造教育扎根于课堂，扎根于实验教学，就一定会把学生培养成创新型的人才。

**五、利用化学习题教学，培养创新思维**

习题课是以学生已有知识和技能为基础，以不同类型、不同层次的习题为内容，通过书面或口头或实验等解题方式，来完成教学目标而设计的一种课堂教学类型。习题课是课堂教学的一种基本组成形式，通过习题课教学可以达到综合所学知识，提高学生能力的目的。习题课这种形式与其他的课堂学习方式相比，有一定的特殊性。其特殊性主要体现在它不仅是学生对已有知识的深入和广泛的学习，更是对知识的灵活应用。高质量习题课的教学，可促使学生多思、多疑，可启迪学生的智慧，是进行创新教育的有效途径。

（一）探索解决问题的思路，促使学生多问、多思、多练，培养创造性思维的流畅性和灵活性

实践中常采用异题同解的办法。如有些题目考查内容相同或相似，但用不同题型编制；有些题目内容虽然不同，但解答涉及的知识、技能在本质上雷同或有共同的规律，例如，许多有关气体制备反应题，解题技巧雷同。讲解时，要着重分析、比较各题目间的异同点，通过练习、讨论，揭示这些题目考查内容的相同点或解答时思维规律的共同性。一解多题就是给出一个答案，要求学生从不同的角度编出习题，从而深入诱导学生善于观察，联系实际，抓住事物的本质和规律，概括出事物特征，培养思维的灵活性和流畅性。

例如，用什么方法鉴别 $K_2S$ 溶液和 $K_2SO_4$ 溶液？解答：①利用 $SO_4^{2-}$ 的特性，用 $BaCl_2$ 溶液和稀盐酸来鉴别；②根据水解的知识，$K_2S$ 溶液呈碱性，$K_2SO_4$ 溶液呈中性，用酚酞试液鉴别；③抓住某些金属硫化物的难溶性及颜色不同，可用 $CuSO_4$ 溶液或 $AgNO_3$ 溶液鉴别；④根据氢硫酸是一种挥发性的弱酸，$H_2S$ 具有臭鸡蛋气味的特性，可用稀硫酸微热加以鉴别；⑤根据 $S^{2-}$ 的还原性，可用分别通入 $SO_2$ 气体或分别加入酸性的 $KMnO_4$ 溶液的方法鉴别。

（三）提倡变式思维，培养创造性思维的独特性和敏感性

一题多解（变式习题）是把考查基本内容相同，但题目繁简不同，能力要求高低不一，涉及知识面或宽或窄，灵活性、综合性不同的题目，按要求从低到高，由简到繁，灵活性从小到大编成一组习题，把其他题目看做基本题的变式。

例如，有机物分子式、结构式推断题的解题基本方法是：依据题设条件求相对分子质量、分子中各元素原子数比，进而确定分子式，再根据性质特征写结构式。但相对分子质量、分子中原子数比的求法

依不同条件又可以有所不同。由此可构成几种不同的变式习题。下列各题都是丙醛分子结构推断题，条件各异，但思路、技巧大同小异，要求从低到高，步步递升。其中题①②可视为基本题。

①某有机物含碳 62.1%、氢 10.3%、氧 27.6%，它的蒸气密度是相同状况下氢气的 29 倍，求它的分子式。若它属于醛类，写出结构式和名称。

②某有机物分子式中 C、H、O 质量比为 18：3：8，能发生银镜反应，在相同状况下同体积该有机物蒸气和空气质量比是 2：1，试求它的分子式、结构式。

③某有机物 0.58 克完全燃烧，生成水蒸气 0.54 克，生成的二氧化碳气体在标准状况下体积为 672 毫升，它的蒸气密度在标准状况下为 2.59 克/升，求其分子式。若它能起银镜反应，求它的结构式。

④某饱和一元醛 0.29 克和足量银氨溶液反应可析出银 1.08 克，求其结构式。

变式习题的讲解，以基本题为主题，在主题讲解之后，再介绍其他变式习题。介绍时要侧重启发学生领悟习题的变化，抓住题目的中心，把握解题方向，提高审题、分析题的能力。掌握以简取繁、以繁为简的本领。借助变式习题，可以清晰地揭示基础和综合题的关系，能帮助学生较快较好地掌握某一类型习题的解题规律和技巧，训练迅速把握题目核心的能力。

变式习题通常理解为在基本题上更改条件，添加要求、衍变为其他题目，更广泛的理解是只要保持题目某一方面的相同，也可在解法、起始物等方面进行彻底变换。这样不仅以基础的教学，激发学习兴趣，培养学生创造性的思维能力，同时提出一些较时新的观点和事物，学生创新能力的培养相信会有所成。作为 21 世纪的教师，善于培养学生的独立思考和创新能力比简单地传授前人创造的经典理论有用得多。

创新教学的目标不应该是某个问题的结论，而是学生分析问题的角度、方法的创新，思维品质的优化，甚至产生直觉，形成非逻辑形式的思维方式。创新教学必须突出学生的主体地位和作用，教师教学目的是激发学生主动学习的精神和状态，使学生自主创新地主动学习和发展。教师似导演，像引路人，教师应是"该放手时就放手"，让学生疑难能自决、是非能自辨、斗争能自奋、高精能自探。

创新教学的最终目的是"学生能够创新"。

# 第四节　生物课程中培养学生创新能力的方法

生物学是一门以实验为基础，研究生命现象和生命活动规律的科学。它不仅包含大量的科学知识，还包括科学研究的过程和方法，与我们的日常生活联系非常的紧密。由于生物学领域的研究起步较其他学科晚，它为广大的学生及科研人员提供了更为广阔的研究及创新的空间；同时生物学知识丰富而有趣，蕴涵着大量创新的素材。那么，我们究竟应当如何认真挖掘和利用这一优势，在中学生生物创新实践中努力培养中学生的创新能力呢？下面具体谈一下中学生生物创新实践活动的开展情况。

## 一、创设宽松和谐的教学环境，启发诱导学生积极思维

课堂是素质教育的主阵地，是对学生进行智力开发、能力培养的主要场所。在课堂教学中，教师首先要考虑的问题不是"我该怎样讲好这堂课"，而是"学生乐于用什么方式接受这堂课的内容"，为了发展学生的智慧和才能，我改变了以往教师讲学生听的模式，让学生思考提出问题，教师指导方向，由浅入深，通常一组提问，另一组回答，答的不好提问组给予指导。以竞赛形式让学生去处理教材中的知识点，调动了学生学习的积极性，学生不甘示弱，积极思考，去挖掘，生怕落在别人后面，以学生为主体，教师为主导生动活泼上完一节课，其

乐融融。在每节课临近结束时，提倡学生大胆提出与本节有关的知识内容的疑问以扩展知识面，让学生去发挥创新，教师给予解答，这样既学会了本节知识，又使知识升华。培养学生勤学好问的精神。

课堂教学中，要注重培养学生的创新意识，要突破传统教育思想和观念的束缚。中学生的好奇心和求知欲都很强，对某一问题都渴望能经自己的独立思考得出结论，还能有一些新的设想和见解。强烈的好奇心和旺盛的求知欲是推动学生进行创造性思维的内部动力，是创造能力培养的前提和关键。教师要因势利导，给学生提供引导探索知识的学习环境，教师要善于提出一些学生既熟悉又需动脑才能解决的问题。引导学生自己去发现和找出问题的答案，以培养他们的求知能力和创新意识。

如《耳的组成和功能》一节课，效果特别明显，讲到中耳的组成和功能时，教师设疑提出问题：你会科学地擤鼻涕吗？为什么是遇到巨大声响要迅速张口？乘飞机时（起飞降落），为什么口里含糖并不断进行吞咽？当有人打你嘴巴时你会防范吗？先让学生思考，然后相互讨论并回答。学生兴趣大增。有的说："擤鼻涕要一侧一侧地擤。""那为什么？同擤怎么样？"有的学生说："同擤耳朵会嗡嗡响。""其道理是什么？""同擤会使鼻腔内压力太大，会将鼓膜震坏。"经教师点拨，学生发现前面几个问题其道理大致一样。我们同学并不了解这个卫生常识，经讨论明白，不管耳内耳外一定要保持压力平衡才会保住鼓膜不受损伤。

又如课中利用谜语让学生竞猜，调动学生参与意识，启发诱导学生积极思维，让学生说明，有没有没耳的动物？学生特别活跃，争先恐后回答："鸡、鱼、青蛙没耳。"部分同学回答有耳。那么，耳朵在哪里呢？

学生开始对抗竞猜：谁的耳朵长？谁的耳朵尖？谁的耳朵圆？谁的耳朵像把扇？谁的耳朵能接收超声波？谁的耳朵一个眼？谁的耳朵一层膜？谁的耳朵看不见？鸡、蛙、鱼的耳各是耳的哪一部分？通过游戏训练掌握了动物耳的结构和功能。经教师点拨引路，启发释疑，本节课学生学得愉快，学得开心。

爱因斯坦说过"提出问题往往比解决问题更为重要"。一切发明创造都先源于问题的发现，后成于问题的解决。"学贵乎疑"，没有多问一个"为什么"，就没有牛顿的"万有引力定律"；没有多问一个"为什么"，就没有马克思的"价值规律"等等。质疑是学生发现问题，主动探索知识的开始，是学生创造性学习的重要标志，是创新意识、创新精神和创新能力的起点。因此，在教学中教师首先要善于利用学生的好奇心、好问的天性，鼓励学生在学习的过程中大胆质疑，引导他们善于发现问题和勇于提出问题；其次，教育学生不要轻易认同别人的观点，要凭着自己的能力和智慧，积极探索，勇于从多个角度、多种方式思考问题，从而独辟蹊径，提出自己标新立异的见解，做到"敢言前人所未言，敢发前人所未发"；最后，每节课都要精心设计一些开放性或发散性的问题引导学生思考，提高学生发散思维能力和创造性思维能力。在教学中教师长期坚持这样的质疑求异，能有效地激发学生创新意识和培养学生创新能力。

**二、活跃第二课堂，在课外活动中培养学生的创新能力**

培养学生的创新意识、创新能力，不仅仅局限在课堂的教学中，我们还可以组织学生积极参加课外实践活动。让学生学得主动、学得活泼。在第二课堂中，强调学生亲自参加实践活动。发现体验，做到教、学、用三者相互统一。在实践中，培养学生的创新精神和实践能力。下面是一位生物教师的做法：

例如初一生物进行到植物分类时，我们分期分班组织校园内植物种类考察活动，学生欢呼雀跃，积极参与。一堂课认识了数十种植物，两堂课后认识了校园内上百种植物种类。哪些为乔木、灌木、花卉和野生种类，丰富了生物学知识。让学生亲自去实践、去发现、去体验、获得一定的生物学知识，同时增进了热爱大自然、热爱家乡、热爱校园的美好情操。

生物组每年还进行植物、动物标本制作、展出活动。提高了学生动手、动脑的能力。由于学生创新能力的提高，每年植物标本制作相当不错，尤其近期标本制作是历年来所不及的，从选材到加工制作，非常到位，体现了学生素质能力的提高，创新能力得到了更好的发挥。

目前，为了更好地丰富课外活动，科技兴校，发展创新教育，我们在初一年组开展"生物科技小论文"大练兵，习作论文526篇，获奖90篇。例如，田雪的《山野菜家乡的宝》，安天虎的《创设新品种——玉苹果》利用异花传粉培育新品种，韩荣波的《嫁接》等等，构思新颖，同学们将学到的知识应用于实际，为美化校园献计献策，给学校提出合理化建议。介绍植物百科，就我国环保问题，分析论证提出切实可行的相应措施或有关生态平衡的问题探讨，还有许多植物新技术的应用等等。这个活动既丰富了学生生物学科知识，又锻炼了学生的写作能力，更重要的是学生创新能力的发展，能学以致用，建立科技意识，是发展强国的一点举措。论文展出中，每位同学还在获奖征文上画出了栩栩如生的植物画，色彩艳丽，给获奖征文添上了美丽的点缀，丰富了学生的学习生活。总之，我们生物的课外活动有许多许多，给学生们更多的机会去思考，去活动。让学生多一些展示自己的机会，多一份创造的信心和成功的体会。

**三、重视实验课的教学，调动学生积极参与探究，培养学生创新能力**

生物学是自然学科，又是实验学科，上好生物实验课是非常重要的。实验是对知识的总结和验证。如何改变过去那种教师演示一下，学生只看看结果的教学模式，是改革的重要方面。现在上好实验课，对学生要进行创新意识的培养，教师和学生共同探究生物学实验，教师指导学生动手动脑，教师点拨，学生分析。例如，《有机物的分解和利用》一节，让学生准备实验材料。实验过程中，有的小组实验成功了，有的小组失败了。为什么？失败的原因学生找到了，萌发的种子呼吸产生二氧化碳，可以使清水产生气泡。可是，瓶子里放满了种子，结果很少有二氧化碳产生，萌发种子太多，反而抑制了种子呼吸，这就告诉了我们要辩证地看问题，学生意图多放点萌发的种子，多产生二氧化碳，结果适得其反，经过学生动脑，再次实验成功了。有关嫁接技术，课外活动小组的几位同学做了实验，他们还想把不同的品种植物进行嫁接，但却不知道是否能成功。教师应鼓励他们大胆去做、去实验，亲自动手积累经验去创新，一次、两次，总会成功的，以此培养学生动手能力。

培养学生的创新精神和实践能力是素质教育的要求，也是社会的需求。重视通过实验培养学生的创新精神和实践能力，有两方面的含义：一是使学生学习科学知识所必需具备的能力提高到知识创新、技术创新的能力；二是使学生在日常生活中能自觉利用有关科学知识来解决实际问题的能力。所以，实验课是培养学生的创新精神和实践能力的重要渠道和最具自然科学学科的方式。

有这么一个鲜活的例子，某市中青年生物教师 3 项基本功竞赛中，实验题如下：利用所提供的材料用具设计一组实验，操作并回答有关问题（设计 5min，实验 15min）。

已知 A、B、C、D、E 为浓度按梯度排列的蔗糖溶液。

（1）试指出下列溶液中浓度最低的是；

（2）测出洋葱表皮细胞的相对浓度为；

（3）绘出 1 个观察到的洋葱表皮细胞质壁分离图。

组织者认为这应该是一个简单的问题，结果选手们却普遍感到时间不够用，实验时间不得不延长。究其原因，主要不是选手技能不熟练，而是模式僵化，套用教科书上的方法操作所致。实际上，如果我们将不同浓度的蔗糖溶液分别替代制作临时装片的清水，就可以省却在临时装片上繁杂的蔗糖溶液滴吸操作过程。之所以这样命题，一个重要原因就是现在教师在教学，尤其是实验教学中，墨守成规的多，启发引导的少，突破创新的更少。因此组织者期望通过检验竞赛选手的实验设计创新能力，来使中学青年教师重视自身实验设计能力的培养和创新能力的提高，引导教师在实验教学中注重对学生实践创新能力的培养，从而对中学素质教育起一点促进作用。

生物课堂的实验教学中，不仅要让学生学会实验的具体做法，掌握一些基本的实验技能，还要引导学生学会研究生物问题的实验方法，为培养他们的生物创新能力打下良好的基础。如常用的"控制条件"的实验方法、"显微观察法"的实验方法、"自然考察法"的实验方法等。教师通过选择典型的实验（可充分利用教材中的演示实验、学生实验等内容），通过多种实验方案的设计、讨论和辨析来培养学生的生物创新能力。

另外，教师可以把某些学生实验和演示实验设计为探索性实验，使之达到不同层次的创新能力培养目标。探索性实验教学较课堂教学有更广阔的活动空间和思维空间，可以激发和满足不同层次学生的探索与创新欲望。学生在自己"探索"生命规律的实验过程中可以把动手和动脑结合起来，锻炼和培养自己的创新能力。教师应让学生明确探索性实验的基本环节，并在实验仪器的选取与操作、实验现象的观察、实验数据的处理、实验结论的得出等一系列环节中，及时对学生进行指导，使学生在相对独立的实验活动中体会创新的艰辛与愉悦，如实验设计思想、生物学方法、实验技巧等。

**四、训练和实践是培养学生创新能力的必要途径**

常言道：百闻不如一见，而百见不如一"做"。知识不等于能力。知识的积累只是学生创新能力培养的起点。创新能力不是靠教师的"教"和学生的"学"得来的，而是必需通过学生的"练"和"做"养成。因此，培养学生的创新能力，就必需加强对学生的训练和实践。在教学中教师对学生进行训练时应做到：

（一）注意精选习题进行训练。习题的关键不在数量，而在于质量。所选习题应具有典型性和代表性，能起到举一反三作用。

（二）注意一题多变、一题多解、一题多用，对学生进行变式训练，使学生能从不同的角度、不同的方式、或正面或反面地思考问题和解决问题，从而形成解决问题的独创性，培养学生的创造性思维能力。在课堂教学中，对学生进行训练，是培养学生思维的多样性、灵活性和独创性必不缺少的一环。另外，要因时、因地、因人制宜地开展丰富多彩、生动活泼的生物课外活动。例如通过知识竞赛、植物栽培、动物饲养、野外采集、标本制作、专题实验、专题报告、生态环境和资源调查、成果展览、辩论会等形式多样的活动，让学生到大自然中去，到社会中去，到日常生活中去，引导他们去发现、去体验、去应用、去创造。我多年的教学实践证明，这些活动能有效地促使学生动口、动手、动脑，充分发挥学生的主体作用，培养学生运用所学知识创造性地解决实际问题的能力，体验成功的喜悦。

# 第五节　信息课程中培养学生创新能力的方法

信息技术课程是一门基础课程，与社会科学技术的发展联系紧密。当前，以计算机技术、微电子技术和通信技术为特征的现代化信息技术，在社会各个领域得到了广泛应用，并且逐渐改变着人们的生活方式、工作方式和学习方式。信息技术课的作用日益重要，信息技术教育的目标是提高学生信息素养和信息技术操作能力，以适应信息时代的需要。它的设立是全面推进素质教育，培养具有创新精神和实践能力的高素质人才的重要举措。

那么，在信息技术课教学中如何培养学生的创新能力呢？随着计算机的普及，人们已经进入信息时代，信息时代的显著特征是信息资源的极大丰富和极易获得。学生在课堂上学到的知识是有限的，"授之以鱼，不若授之以渔。"教师们应想方设法把学生的目光引向校外那个无边无际的知识海洋，要让学生知道，生活的一切时间和空间都是他们学习的课堂；告诉孩子怎样去思考问题，教给孩子们面对陌生领域寻找答案的方法；竭尽全力去肯定孩子们的一切努力，去赞扬孩子们自己思考的一切结论，去保护和激励孩子们所有的创作欲望和尝试。对于学生的创造能力，有两个东西比死记硬背更重要：一个是他要知道到哪里去寻找所需要的比它能够记忆的多得多的知识；再一个是他综合使用这些知识进行新的创造的能力。死记硬背，不会让一个人知识丰富，也不会让一个人变得聪明。

**一、兴趣是培养和提高创新能力的基石**

兴趣是一种推动学生学习的内在动力，可激发学生强烈的求知欲望，从而为创新思维的产生奠定基础。

实践也证明，学生如果对所学的内容有浓厚的兴趣，便会由被动学变为主动学，由强迫学变为自觉学，进而使注意力变得集中和持久，观察力变得敏锐，想象力变得丰富，创造思维更加活跃，从而保持亢奋的学习劲头。在教学中，注重从教学内容、教学方法、课堂教学的语言艺术等方面入手，认真研究教材，正确引导学生，从而激发学生的创造性思维，培养学生的创新能力。

（一）目标激学

目标是一人奋斗的归宿，只有目标明确才会争取目标的实现。针对实际确立目标，激励学生拼搏进取，自觉地朝着预定的目标不懈地努力追求。可以采用远景目标与近景目标相结合的方法：远景，告诉学生社会的变革，计算机将逐步成为全社会使用的工具，21世纪的文盲不是不识字，而是不会使用计算机，让学生从认识上领悟学习计算机的迫切性。近景，上课伊始，展示目标，在课堂上不断创设情景，引发学生的好奇心和求知欲，从而调动学生学习的积极性，使学生自觉投入参加学习，激发进取心。

（二）竞赛激学

争强好胜，学生对竞赛性的活动很乐意参加，因此，对于汉字输入练习这一节，学生学起来枯燥无味，针对这一现象，利用好恰当的契机，组织一次汉字录入竞赛，测试软件进行竞赛，人人上机，看谁的速度快，这样一来，你追我赶，促进了键盘操作及汉字录入的熟练程度，有助于培养学生坚强的意志和敢于冒险挑战的精神。

**二、激发学生的好奇心和求知欲**

在教学过程中，教师要激发学生的好奇心和求知欲，鼓励学生主动思考，勤学好问。例如在介绍计算机网络方面的知识时，学生对"Internet"这一词语，感到既陌生又好奇；讲到"Internet"上网都称为"网虫"，称计算机高手们为"大虾"（大侠），网络中电子邮件被称为"伊妹儿"（E－mail）等，从而增加课程的生动性和趣味性。老师要把学习的主动权交给学生，鼓励学生根据自身情况，自由选择学习方法，如看书、自学、查资料等。要多给学生一些思考的机会，多一些活动的空间，多一些表现的机会，多一份创造的信心，多一些成功的体会，驱使学生向无数次的成功前进。以下是信息技术课程老师关于这一点的教学实例：

比如在教学生制作幻灯片时，同学面对功能如此强大的"Power-point"软件，不知如何下手，而且模仿的多，创新的少，制作出来的演示文稿没有新意，在制作过程中也很少出现同学之间的交流与争论。这时，为了培养学生有求新、求异的思想，有自己的设计风格，于是仔细观察学生作品中的创新闪光点，即使很少，也通过学校广播系统，演示给大家看，并让他们说出思路，再让其他同学发表意见，并鼓励大家一起试一试。而被展示的学生得到我的表扬，高兴万分，创作越来越起劲，就这样，时间长了，学生创作的思想大胆了，也愿意动手尝试了。学生们不仅认识到了动手操作、手脑结合的重要，同时还培养了参与意识，淡化了失败的感觉，体会到了大胆尝试就会成功的道理。

再如在讲画小房子时，为了更好地激发学生进行创新、想象，我先用多媒体演示了几何图形搭建的小房子的图画，然后依次提问：

（1）图中的小房子分别由哪些图形组成？你们还见过哪些形状的房子呢？（学生会很容易讲出生活中见过的各种各样的房子的形状出来，让学生形成真实的表象）

（2）除了现实中的房子，你们还可以想象出什么样的房子？（让学生从刚才的表象出发进行想象，创新，形成新的东西）

就这样在老师的启发下，学生头脑中具备了新图画的大致形象，但这种表象是头脑中的。接下来，我要求学生再在实践操作中创造出来，然而预想的效果往往与实际有明显的不同，因此，学生还要充分调动自己的思维，或与同学讨论或自己想办法，进行再修改，进行新一次的创作。这时学生的思维又得到启发，一些更好的想法也随着创作出来了……如此反复经过多次的想象和创作，最后有的同学用苹果瓣来做房子的烟囱；有的用大树作为房子的外壳，上面还有几只小动物住在那里呢；还有的用香蕉皮作瓦片；还有的画出自己想象出的大空房子，有的画童话中公主的城堡；有的画自己的家；有的画生活的校园……学生经过创新的作品，每一幅都新颖特别，充满神奇的色彩，这是学生充分发挥想象力创作出的成果。

### 三、整合学科，引导学生在参与中求创新

创造教育的一大特点就是跨学科。很多创造性人才决不是单打一的，而是跨学科的。传统的学科教育往往是单纯的线性思维，缺乏"发散式"思维和"跳跃式"思维的培养，这样就很难造就出创造性人才。事实上，利用现有的教学师资和软硬件设备，教师在信息技术的课堂教学中融入一些其他学科的教学内容，是完全可能的。例如，创建演示文稿（幻灯片）这部分内容的教学演示，我们可依据演示文稿所具备的"连贯性"特点选取一段短小精彩的历史故事，引导学生充

分发挥想象力，通过讨论、交流的方式，由教师逐步演示指导，将故事的每一细节创造性地体现在一页幻灯片中。这里所说的创造性，不仅是对故事场景的创造性想象，同时还包括如何更富创造性地运用软件这一"工具"将作品完美地体现出来，最后完成一个整体的演示文稿作品。通过上面的课堂演示，整个教学可以做到事半功倍。也就是说，教师不仅可以愉快地完成信息技术课程的教学任务，同时还突破了传统的课堂教学模式，帮助学生有效地走出历史学习中死记硬背知识的误区，让他们在创作的乐趣中对知识做更深一步的理解。这样，学生便可在学习信息技术的同时掌握更多的历史知识。更重要的是通过合理的学科综合性教学，教师为学生创造了一个不可多得的培养创新意识的机会，提高了学生的综合素质。

**四、合作学习，培养团队精神**

古人云：人心齐，泰山移。我们也常说："团结就是力量"。现在的学生很多是独生子女，是家庭关爱的中心。他们的自我意识较重，考虑问题习惯以自我为中心，团队合作能力相对比较弱些。合作学习能发现他人的优势，学习他人，接纳他人善待自己，学会与他人合作，对个体的成长具有特殊的价值；不仅获得相互帮助，更重要的是能够相互交流、合作，在探究过程中进一步激发情感，提高能力。因此，在作业练习这一学习活动中要大力提倡合作学习。有意识地安排学生合作学习，注意培养学生的团队协作精神——那是令学生终身受益的品质。

为使学生在合作学习中积极主动，使学习富有成效，教师须设计多人合作进行的活动作业，让学生自己选择伙伴合作进行。作业设计要具有以下特点：（1）容量大，覆盖了整个教学内容。（2）每人有事可干，充分体现小组集体的力量，发挥创新思维。（3）虽有一定的难度，但有前面知识的铺垫，创作起来不会感到无从下手。

总之，信息技术教育作为一门新的学科，我们还需不断地探索与实践，寻找更好的教学方法，培养学生的创新能力，让学生全面发展，为21世纪培养合格的人才。

# 第五章 艺术体育劳技学科教学中培养学生的创新能力的方法

## 第一节 艺术课程中教学与右脑的开发

人大脑的左右两个半球在完成一个特定的任务时，不可能是两个半球都占优势，只允许其中一个半球占优势。两个半球在使用和发展上有明显的分工，左半球负责语言及逻辑符号的加工，善于处理抽象、逻辑思维方面的信息，它决定着人的认识活动；右半球负责具体形象的加工，处理感性思维、形象思维方面的信息，它决定着人的认知活动，特别是与人的创新能力有着十分密切的关系。只有在左右两半球交替兴奋、互相诱导、互相促进的情况下，人才能变得聪明起来，创造力才能发挥出来。

在我国的基础教育中，从教学内容到教学方法上常常是重视语言思维，而忽视非语言思维；重抽象思维，轻形象思维。这样使大脑左半球长期处于统治地位。世上万物都遵循着"用则进，废则退"的法则。由于右脑长期处于休息状态，而导致逐渐弱化。右脑的弱化，必然影响创造力的形成，所以以右脑为科学知识基础的创造教育呼吁学校、社会、家庭应重视学生右脑的开发。

创新能力的培养离不开右脑形象思维的发展。在中小学的基础教育中，音乐、美术课程能培养学生的观察能力、形象记忆能力、想象力，对开发右脑所产生的作用是不能低估的。

我们都知道，音乐是听觉的艺术，美术是视觉的艺术，无论听觉还是视觉，都具有形象性和直观性的特点。这一点正是开发右脑所必须的。音乐、美术学科是通过声音、图像、色彩作用于人的感官的。

而中小学生的感官可塑性是极大的，如果我们抓住这一点，强化对学生感官的训练，就能有效地促进右脑形象思维的发展。

基于上述认识，我们可以说：创新能力的培养要以学科教学为主战场，学科教学中艺术学科这块阵地是千万不能丢掉的。

# 第二节 美术课程中培养学生创新能力的方法

## 一、精选教学内容，激发创新思维

（一）要选择有利于激发学生求知欲，触动学生好奇心，调动学生学习积极性和主动性的教学内容

根据有关专家科学实验的结果，人类感官对信息的理解程度因刺激的方式不同而不同，视觉83％，听觉11％，触觉3％，味觉2％，嗅觉1％，而综合刺激才能产生最佳效果。音频、动画和音乐等丰富多彩的媒体，可以使原本单调的内容变得更为生动有趣，突破了课堂的狭小天地，大大加深并拓宽了学生的知识面。因此，教学内容的设计应力求构思新颖，趣味性强，能充分调动和激发学生学习的积极性和主动性，能吸引学生，让他们积极主动地学习，引发起他们对美好事物的表现欲望和创作冲动。如在学习《现代服饰艺术》一课中利用多媒体展示不同时期、不同民族的服装图片，渗透服装的多种功能，结合生活实例讲授一些着装搭配的技巧可以使我们穿得更得体更美丽，学生很喜欢这样的课。

（二）要选择有利于培养学生知识迁移和发散思维的内容

"在艺术教育里，艺术只是一种达到目标的方法，而不是一个目标，艺术教育的目的是使人在创造的过程中，变得更富于创造力，而不管这种创造力将施用于何处。假如孩子长大了，而由他的美感经验获得较高的创造力，并将之应用于生活和职业，那么艺术教育的一项重要目标就已达到。"这就要求我们在美术教学过程中，不能仅仅停留在传统意义上

的美术学习，而要看是否有利于学生良好综合素质发展，是否有利于学生创造能力的培养，是否有利于学生个性品质的完善，是否有利于知识的迁移。因此，教学内容的选择要有灵活性，给学生以充分发挥想象的空间。若使每个学生画出一样的画，或呈现同样的风格，那就谈不上创造了。应该引导学生沿着不同的途径，突破传统思维习惯和模式，产生大量的变异见解，有意识地促使学生从多方位、多角度进行思考，以培养学生思维发散的能力。如在课业训练中，就不能仅限于单一的模仿的训练，模仿作为基础训练固然重要，如果不顾自己的内心感受，不积极认真地思考，一味模仿，很容易导致学生陷于僵化的思维状态，使作业呆板、乏味、缺少生机，甚至阻碍学生创造意识的发展。

（三）教学内容的选择要符合学生个体身心发展的特点

学生年龄、性格、生活环境等方面都有着不同的特点，学生个性发展存在差异，这就造成了学生思维方式和作业面貌的复杂和丰富，学习过程中难免流露出年龄阶段中各种各样的问题。因此，教学内容的设计就要针对这些实际情况和特点，使之顺应其成长规律，符合不同学生的发展需要，以利于他们智力的开发和技能的提高。要改革不顾学生个性特点和实际要求编排教学内容的做法，避免"一刀切"。

二、改革教学方法，培养创造能力

（一）激发兴趣，营造创新氛围

在课堂教学中，教师要运用合理的手段、恰当的措施，营造良好的创新氛围，鼓励学生展开想象的翅膀，发挥创新的潜能，做到敢想、敢说、敢做，培养学生的创新意识，诱发孩子的好奇心，激发他们对新知识的渴望，从而培养学生的创新能力。如：在七年级美术教学中，一位教师设计了一个"我是艺术家"的游戏，让学生积极参加趣味想象画活动，学生的积极性得到充分调动，大胆创新，表现出了一定的想象力和创造力，营造出你争我赶、争做"我是艺术家"的良好氛围。

（二）打破传统，鼓励发散思维

没有发散就无所谓创新，定势心理制约着人的发散思维。从学生刚入中一我就发现，大部分学生接受的美术教育基本以临摹或学习简单的绘画技法为主。他们所画的房子就是一个长方形加上梯形、三角形的屋顶，再加一个田字形窗户。树画得像蘑菇，甚至连太阳的位置都差不多，存在思维上的定势，如果不打破这些定势，思维就不会活跃，久而久之就丧失了创新意识。所以在教学中，要特别鼓励学生的发散性思维。一个事物，力求学生从全方面、多角度地去表现它。

如：画树，通过让学生事先观察树，分析树的结构、外形及一年四季的变化，再让学生欣赏不同种类的树。最后让学生自己画一幅有关树的画，许多同学都大胆创新，画出了不同季节、不同姿态、不同颜色的树，有的还添加有花草、动物、小鸟等，有的还画出了晚上的树林景象。作品风格迥异：有的具体，有的抽象，有的类似图案，有的做成公益招贴……通过启发式讲评，学生明白了，只要画面需要，什么颜色都可以去画，形式更是自由。事实说明：发散性思维对摆脱习惯性思维的束缚很有益处。能打破原有的思维模式这就是创新，就是在原有模式上的新突破、新拓展。

（三）启发想象，培养创造能力

学生想象能力的培养是学习创新方法的一种重要手段。在美术教学中，尽可能地利用各种方法启发学生的联想和想象，培养学生的创造能力。第一进行填画练习，学生根据自己的自由想象，在教师事先准备的范画上填画东西。如：在黑板上画了一根香蕉，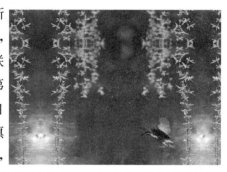
让学生上台填画。同学们兴趣盎然，各显神通，一个个争着上台填画，结果有的填了盘子，有的填了其他水果，有的添了一只猴子，正在往嘴里送香蕉……让人忍俊不禁，意犹未尽；第二画故事想象画，让学生给学过的古诗或课文画插图。既是对课文内容的复习巩固，更是对学生想象力的培养与创造力的检验。如：学了朱自清的《春》一文，根据课文描绘的四幅图画，我让学生想象春天树木河水有哪些变化，动物及不同年龄的人有怎样的活动，在声情并茂的朗读中学生们的想象力被激发出来，大家迫不及待动手画起来；《春草图》《春花图》《春雨图》《春耕图》《燕子筑巢》等一幅幅生机蓬勃的春日景象很快溢满教室。作品风格独特，充分展示出个性与丰富的想象力。第三联系生活做手工，借助教室以示提醒的标语、书桌上的笔筒、文艺演出中的道具等需要之机让学生充分发挥想象力进行创造性设计制作，这样既能激发学生学习的兴趣又培养了想象力。除了以上三种训练形式，还有很多，如把局部变完整，换背景等等。这些做法可以使学生大脑活动起来，开发右半脑，发展智力，对启发学生的想象力和培养学生的创造能力大有益处。

### 三、改革评价方式，促进创新发展

科学合理的评价，可以促进和提高学生学习积极性。教学评价应使每个学生的身心都能得到发展，并能充分感受到成功所带来的喜悦和自豪，使学生树立起学习的自信心和自觉性。创造需要勇气，需要有一定的气氛烘托，而这些都依赖于教师的评价。在创造活动中，有的学生怕自己的作品特殊，怕同学起哄，更怕得不到老师的认可；某些技法差的学生，最害怕的莫过于受到教师的挖苦和同学的嘲笑。教师要敢于表扬标新立异的同学，尤其在评判作业时，不以干净规矩为唯一标准，而看谁的作品不随大流。要善于发现学生作品中的闪光点，不能用成人的眼光看待学生的美术作品，更不能用"画的像与不像"来衡量学生的作品。正确的做法是要发现他的"闪光点"，用"想法独特""用色大胆"等肯定性评价，去鼓励学生进行大胆的创作，从而激发其创新积极性。每个人的审美观点不同，对美术作品的评价结论也就不同。在每次下课前给孩子们留点时间展示自己的作品并进行分组讨论、相互评议，学生不但可以在同学面前表现自我，评价自我，还可以相互借鉴学习，有利于培养学生的观察、判断、审美等方面的能力，拓宽思维增强创新热情。

总之，评价要鼓励探索与创新，杜绝平淡与重复，要重视个性的培养、想象力与创造力的发挥。作为美术教育工作者，要注意在自己的教学活动中，努力培养学生的创新意识和创造能力，取消只用一个标准、一个答案、只求共性、忽视个性的评价方法，以避免学生只追求作业表面效果，画出无创新意识和见解的平庸之作。

**四、提高自身素质，引领创新精神**

随着素质教育的深化和人才观念的更新，怎样有利于培养学生的创造能力，怎样有利于学生的全面发展和优良个性品质的形成，已成为检验教育教学成败的关键。在大力倡导创新教育的今天，美术教育教学更应该发挥出它所具有的独特作用。教师要培养学生的创造能力，首先要使自己成为一名创造者，要不断探求新的教学方法，创造出富有个性的独特的新颖的教学方式，力争使更多学生积极参与教学活动。现代社会，发展很快，只有不断学习，不断获取最新信息更新固有观念，才能使自己保持在艺术创造教学中的青春活力。

除了教学，教师还要大量创作自己的作品，读万卷书，行万里路，不断充实自己。凡是要求学生完成的作业，教师要尽可能先尝试一下，试图从多方面、多种途径去考虑，对随时涌现的想法，只要有价值，就要付诸实践，这样既可锻炼自己的创造思维能力，也可以对可能出现的教学效果有所设计和预见。

除此，课堂上教师领画、带画，示范都因直观性强易于学生更快更好地掌握。如果我们的教师具备深厚的业务功底，有潇洒的画风，有不懈的创作精神，不仅能博得学生深深敬佩，还将对学生产生较大的影响。

# 第三节　音乐课程中培养学生创新能力的方法

音乐艺术作为一门抽象的艺术，自身具有模糊性和不确定性，正是如此，给人们对音乐的理解和表现提供了想象、联想、思维和再创造的广阔的空间，音乐艺术是创造性最强的艺术之一，它的表演、欣赏、创作等各个环节，均体现了鲜明的创造意识、独特的创造行为。因此，音乐教育在培养学生创新思维方面，有着极大的优势。

音乐教学的目的不是培养音乐家，而是鼓励学生积极参与探究与创造，开发学生的创造性思维潜质，培养学生的创新意识、创新精神、创新品质，提高学生的创新能力。

音乐教学有利于激发学生的联想和想象力，培养学生的创造能力。特别是低年级学生活泼好动，想象力丰富，他们对音乐的感受一般是通过各种动作来表现的。要提高音乐课的教学质量，达到音乐教学的目的，应根据儿童生理和心理特征，把音乐学习与游戏、舞蹈等有机结合起来，把抽象的音乐概念、复杂的乐理知识及枯燥的技能训练，转化成有趣的游戏、舞蹈等，使之生动、形象、具体，容易理解和接受。让他们动口、动手、动脚，也动脑，真正把学生从桌椅上解放出来，让学生轻松快乐地进入音乐王国，在愉悦的气氛中获取音乐知识，激发学生的自由想象力，同时也受到美的熏陶。

**一、转变教学观念，是实施学科创新教学的先决条件**

观念要更新。观念不更新，一切全作废，即使是换了新的教材，如果仍用旧的观念来教，也照旧失败，那只能是"穿新鞋，走旧路"。大部分教师总是"年年岁岁人不同，岁岁年年课相似"，依葫芦画瓢，固步自封，机械地重复着以往的教学模式。创新意味着对陈规的突破，对未知领域的探索。教师本身就缺乏创新意识，没有创新能力，又如何培养学生的创新意识和能力呢？美国著名教育家布鲁纳曾指出："教学生任何科目，绝不是对学生心灵中灌输些固定的知识，而是启发学生去获取知识和组织知识，教师不可以只把学生教成一个活动的书橱，而是教学生如何思维。"在农村，小学音乐课几乎就是"唱歌课"，也就是传统的民间艺人"梨园式"的教唱——教师唱一句，学生跟一句，唱会即达到教学目的。这种以教师为主体，以教代学的教学方法已经无法真正实现新课改下的教学目的。而现代教育理念强调以学生为主体，教师和学生应该是平等、合作的关系。教师不可以高高在上，身上罩着光环，应该蹲下身来和学生对话。

**二、更新教学方法**

没有教不好的孩子，只是没能找到教好他的方法。在音乐教学中，教师要积极、努力创造轻松愉快的学习氛围，尽可能使每一个教学步骤都具有趣味性、启发性、创造性，尽可能激发学生的兴趣，培养学生的创新精神。

（一）创编节奏和动作，激疑学生志趣

节奏是音乐中的骨架，学生感受音乐的第一步，应从节奏入手，就像我们人类的语言，极富有丰富、生动、微妙的节奏，所以在音乐教学中，教师应该安排富有节奏的语言。

美国创造力研究专家托兰斯认为，音乐课应该是自由的，教师要给学生一方自由的空间，充分发展学生创造性的想象力，有的教师对学生的坐姿要求特别严，手要怎么放，脚又不能怎么放，课堂上保持肃静等，试想当学生一直担心自己坐得不好而挨批评的时候，怎么会对音乐感兴趣呢？所以教师在音乐课堂上，选择适合学生的发声练习，有利于学生对自己的声音状态进行调试，做好歌唱的准备。如：肢体动作发声训练法：随意敲打身体的某部分进行顿音训练，这样使同学很好地掌握腰部的支撑点，气息很饱满。再如：模仿动物发声训练法：根据学生好动，喜欢模仿的特点，教师用青蛙歌唱呱呱呱、蜜蜂飞舞嗡嗡嗡、小兔跳舞蹦蹦蹦、小狗叫起汪汪汪、蜜蜂闻花香香香等动作，让学生在模仿动物中，灵活控制气息，轻声、高位置地训练发声。还有：即兴编创法，学生用自己喜欢的声音、动物、形态等即兴创作，然后在老师的伴奏下进行演唱和表演。其次，还有同学们喜欢的通俗音乐发声法：教师把同学们喜欢的通俗音乐的段落拿来做发声曲，经过同学们的创编，很能激发学生的兴趣，激发学生唱歌的热情，更好地以情带声。总之，通过这样的创编发声训练，学生既觉轻松又觉得好玩，为学唱新歌奠定基础。

　　同时，音乐节奏的创新，节奏是音乐的脉搏，是组成音乐的基本要素之一。任何音乐都无法离开鲜明的节奏。学生首先要面对的就是节奏，节奏掌握的好与坏直接影响到音乐的教学和创新。其实每个学生都有节奏感，只是强弱因人而异。在听音乐时，有的同学会用脚打拍子，有的学生会点头、拍手等。

　　新课标赋予了音乐教学新的活力。它要求我们的教学是创新的教学、灵的教学，它鼓励音乐创造，发展学生的创造思维。于是，大家纷纷跃跃欲试，创编歌词、即兴舞蹈等，似一朵朵五彩斑斓的花儿，把我们的课堂点缀得绚丽多姿。

　　（二）编创故事和伴奏，感悟和谐意境美

　　音乐教育正是进行创造教育、培养想象力、创造性思维的重要学科。很多音乐都是有故事内容的，有些通过歌词可以知道，有些需要认真欣赏，体会其中的意境。让学生根据歌词编创故事，可以激发学生的创新能力，更好地理解音乐。

　　在音乐教学中，要努力设置儿童喜闻乐见的情境，激起儿童热烈的情绪，使他们伴随着情绪的体验，在感受歌曲或乐曲的过程中展开想象的翅膀。比如：在欣赏《森林水车》一课时，教师不要急于说出题目，而让学生学会静静地聆听、感悟，想象乐曲中所描绘的情景。听后有个小女孩说道："我觉得好像有一辆水车在旋转，水车旁有一条清清的小河，河边有一个小姑娘正在梳理美丽的头发，成群的牛羊在岸边吃草，太美了。"教师为她诗一般的语言所打动。所以说想象之中的创造是最快乐的。其次，学生还可以结合图片和音乐内容把自己对音乐的理解编成小故事，然后讲给同学听，不仅锻炼胆量，丰富想象力，还能锻炼语言表达能力。如欣赏《蓝色多瑙河圆舞曲》时，可以放一些有关多瑙河的风光片，学生很快进入意境，展开丰富联想，边呼吸着多瑙河春天的泥土芳香，边感受着乐曲的活力与力量。欣赏阿炳的《二泉映月》时，要求大家用诗歌、散文、绘画、演奏等形式表现乐曲的内容。欣赏小提琴协奏曲《梁山伯与祝英台》时，要求学生用配乐朗诵、舞蹈、歌唱等形式表达心中的感受，课堂气氛活跃，使每个学生心中蕴涵着的向往和渴望都得以宣泄。在传授《瑶族舞曲》时，教师播放瑶族火把节的场面，欢快的男女们围在火堆旁跳起瑶族舞蹈，一下把孩子们带到其中，使孩子表现音乐、创造音乐的灵性顿开。正像爱因斯坦说过的一句话："人的想象比知识更可贵"。

为歌曲伴奏可以是乐器伴奏，也可以是人声或其他声源伴奏，如：学习歌曲《火车开了》，把学生分成三个声部，第一声部"四拍一鸣""两拍一轰""咔嚓一拍一次"让学生体会三声部节奏和谐之美。创造音响是每位学生非常高兴的事。同学们通过模仿、探索身边及日常生活中的声音，让学生知道音乐每时每刻都存在于我们的日常生活之中，引导学生关注周围的生活环境，通过简单的材料模拟创造各种声音，让学生进一步体验音乐与人类生活的密切联系，给学生创设创造音乐的机会，培养他们的自信心，享受创造音乐带来的快乐。学习节奏乐器时，教师不要急于传授怎么打，而是把创造机会留给学生，让学生自己悟，怎么敲击好听。同学们个个跃跃欲试，在不断探索的过程中，自主掌握了节奏乐器敲击方法，他们真正成为学习中的主角。有的同学很有创新能力，把酒盖串起来，发出清脆的声音。用两块竹板模仿马蹄的声音，塑料瓶装上玉米粒来模仿串铃声，豆粒装进易拉罐可以当沙锤用，敲击钢棍模仿三角铁的声音，太多太多了，学生用自制的乐器合奏时，那得意的神态可谓心满意足。

（三）自制简单乐器，拓展学生的创新思维

学生对乐器有着天生的喜爱，要加强学生对乐器的了解和运用，教师可以指导学生自制简单的乐器，提高学生的综合音乐能力。例如可以用打击乐器表现风声、雨声、小鸟叫声、走路声等等，提高对打击乐器的认识，再根据歌曲的情绪选择常见的乐器：碰铃、尺子、三角板等，创编简单的伴奏。当然，教师可以让学生自己动手设计，尝试用生活中的物品创制乐器的乐趣。伟大的人民教育家陶行知曾说，对学生须进行六大解放，其中提出：解放他们的头脑，使他们能想；解放他们的双手，使他们能干。并且指出，处处是创造之地、天天是创造之时、人人是创造之人。改革开放的今天，新课程改革正在轰轰烈烈地进行着，只有不断拓展创新思维，才能有所进步和发展。

### 三、培养学生的聆听兴趣为创作奠定基础，让学生做学习的主人

音乐是听觉的艺术，是以声音表达内心情感的艺术。音乐教学首要的任务是对学生音乐感受能力的培养。贝多芬说过："音乐能使人们沟通思想、联系感情、改进德行，它能把人们带到更高更美的境界！"音乐教育是情感艺术，它需要留给学生大量的空间去想、去说、去做、去感受。因此，教师一定要注重给学生营造创作的空间，让学生有兴趣学，有兴趣做，真正成为学习的主人。充分利用学生的感觉器官，"听其声观其行，听其声认其行，观其声认其行，观其行闻其声。"使学生活跃在学习的前沿，主动参与音乐教育的活动中是可以实现音乐教学中培养学生创新意识和创造能力的愿望的。特别是在低年级教学中，要让学生由被动的"要我听"变自觉的"我要听"，那就要求教师在不断优化教学方法、熟悉教材的前提下，把音乐作品的内涵和"美"挖掘出来，利用丰富多样的教学手段，使学生带着浓厚的兴趣去聆听音乐、欣赏音乐。就如在欣赏《我们才不怕大灰狼》一课时，让学生按自己喜欢的方式分成两组。肢体语言表现一组；声音表现一组。

用肢体语言的同学们边听着音乐，有的表演猪老大用麦秆盖房子完了吹笛子，有的表演猪老二用木棍搭屋完了唱歌又跳舞，有的表演猪老三用石头砌屋，叮叮当当忙个不停，还有的表演大灰狼……

用声音表现的同学有的模仿笛子声，有的模仿提琴声，有的模仿

盖房子的声音，有的模仿三只小猪和大灰狼的声音等等。

通过一系列课堂教学和训练，使小朋友自然形成良好的聆听习惯和合作的快乐。通过这种舞蹈、律动等艺术形式结合起来，使学生更形象地理解音乐的兴趣，从而展开联想，明白道理：只有互相帮助，团结一致才能战胜困难。

总之，在音乐课堂上培养学生的创造性思维，既丰富了学生的音乐想象力，也锻炼了学生的创造力。著名教育家苏霍姆林斯基说过："音乐——想象——童话——创造"这便是儿童走过的发展自己精神力量的道路。在音乐教学中，教师应面向全体学生，发掘其潜在的创造力，使他们根据自己的需要自由确定目标，主动探索音乐，充分发挥想象力以及创造力，初步形成独立学习音乐的能力。

# 第四节　体育课程中培养学生创新能力的方法

## 一、体育活动中充满了可创造的元素与机会

随着 21 世纪的到来，学校体育教育面临更严峻的挑战和更多的机遇。体育学科的发展，时代的发展，学生的变化需要我们培养具有创新能力、终身发展能力的身心协调发展的人。当前体育教学注重学生学习过程，建立了以"学"为主，充分发展学生能力的教育理念。因此，培养学生的创新能力，开发学生的创造性思维，增强求知欲和兴趣感，使之终身受益，已成为体育教学中尤为重要的问题。

体育运动本身就充满了创造性和可创性的因素，新兴的一些体育项目和体育教学中的新运动、新器材都充分体现了在体育的创造性和创造可能性。例如体育游戏：游戏规则是为了公平地愉快地进行游戏，在具体的情况下，可以进行一定的调整和改造，既为教学目的服务，又为学生愉快进行体育活动服务。又比如体育课上让学生自己编一套操，或自己设计准备活动、放松活动等，都可以充分发挥学生的创造

性和主动性。如果总是教师统一要求，无自由、独立思维与活动的机会，学生就无从去发挥、去表现和创造。因此，在体育教学中应该充分发挥学生的主体性意识，充分挖掘可创造性元素，才能激活学生自主学习的意识。

体育教学中培养学生创新能力的途径：

## 一、培养学生的创新态度

1. 在教学中要培养学生的创新态度，教师必须首先成为一个富有创新精神的人，只有自身具有创新精神、富有创造力才能培养出具有创新的学生。就教师的"创新精神"而言，它主要包括：创新思维、首创精神、成功欲、甘冒风险、以苦为乐精神。

2. 创新要以人为本，教师要启发引导学生还未想到，但必会喜爱的活动，要从学生喜爱的活动中找突破口，不因循守旧。主动突破教材定势与习惯性框框，在教学内容上要由以单纯的执行和完成《课程标准》向以《课程标准》为基础，补充具有当地特色、学校特点或时尚活动的灵活丰富的教学内容转变。例如全国甲 A 足球联赛期间，安排足球教学并结合"四对四"足球比赛规则等等。学生个体只有在自身需要的推动下，与外部环境相互作用，才能有效地促进创新态度的升华。

3. 创新必须大胆探索、求新，体育创新是他人未曾想过、做过的，常常突破传统方法，打破平衡格局，创新者的思想和行为，难免不为多数人所接受。在活动中，学生的种种创造性表现常常与错误、缺陷、顽皮、任性、争吵等联系，学生不断"犯错"的过程，其实是不断改正错误，完善方法的过程。假如不给予这类机会，轻易代替、否定，非但剥夺了学生探索的乐趣，尝试失败、内疚、挫折的情感体验、也会使学生变得懒于动脑，疏于尝试。教师应站在学生的立场，正确对待"良性争吵"，多给学生创造"犯错"的条件和机会，大胆求真、求新。

## 二、培养学生的创新思维

培养学生的创新思维，是开发人潜能的需要，是体育教学融入教育改革大潮的需要，是迎接知识经济时代挑战、培养创造能力和创新精神的核心。

（一）培养想象能力

想象是思维活动中最见活力的一个方面，要培养学生的创新思维，离开想象不可能取得成效。想象有利于打破思维定势，开启学生的创造思维，因而在培养学生想象力方面，我们采取用准确优美的动作示范，生动形象的语言描述，引导学生想象。如技巧中"鱼跃滚翻"教学，用"蹬摆如兔跃，臀部比肩高，支撑作退让，滚动紧束腰"的形象语言描述，同时再作优美的动作示范，通过直观观察和语言启发，使学生初步感知动作表象，了解动作的程序、结构，明确动作的时间与空间的关系，建立理念与实践之间的联系。由于直观感知、记忆，头脑中储存有多种多样的表象，便于展开联想和想象。

（二）利用原型启发，诱发思考，促进学生想象

原型启发是指从事物的相似和类比中看到或发现解决问题的途径。人类科学技术发展历史证明：原型启发解决问题，是引发创造、发明的主要思维方法。比如在教学出手动作时的身体姿势，可比作一张拉弦待发的弓，说明满弓的道理。教师把一根竹片比作身体，在它的一端放一小石子，将竹片弯成"满弓"，然后放开有石子的一端，这时小石子在竹片弹力的作用下飞了出去，而且在不超过竹片弹力限度的情况下，竹片弯得越大，弹力越大，小石子飞得越远。再如讲"蹲踞式"起跑的动作原理时，可用压缩弹簧作类比，从类比中悟出动作的本质，从类似和类比中探求科学规律。深入浅出地激发学生创造欲望，逐步培养想象能力。

（三）培养逆向思维能力

逆向思维是创造思维的重要组成形式。逆向思维就是从常规思维的反面去思考。而一般正常的体育教学规律是正确的示范和讲解，引导学生观察与思考，而有目的地从正确动作的反面或错误动作开始，让学生思考，学生有迫切解密的心理，更能激活学生的兴趣和积极的思维。比如教"前滚翻"时，教师用一个方块作滚动实验，当然不会滚动，抓住

这一时机，启发学生仔细观察与思考，学生不难想到圆球或圆形物体容易滚动，人体团得越圆越容易滚动，悟出了前滚翻正确的动作原理，从反向思维中发现解决问题的捷径，促进了逆向思维能力的发展。

（四）培养发散思维能力

所谓发散思维，是根据已有的信息，从不同的角度，按不同的线索，向不同的方向思考，从多方面寻求解决问题的方法和途径。发散思维具有多端性和灵活性两个特点，在体育教学中创造一切可能的条件和机会，激发学生大胆探索，引导多向思维：

一是让学生先实践后总结归纳，让学生在实践中去体会、思考、发现解决问题的途径。如在教"弯道跑"技术时让学生在弯道上跑了以后，再启发引导学生理解身体向内倾斜是物理中学习的离心力原理。

二是通过设疑、提问等手段，发展思维。如跑步教学时问：腿后蹬后，为什么要折叠起来前摆？推铅球的出手角度为什么是 40 度到 42 度，而不是 45 度呢？启发学生大胆想象，大胆讨论，各抒己见，找出解决问题的根本措施，开发潜力，发展个性，促进多向思维。

实践证明，有目的、有计划地培养学生的创新思维，与无目的、无计划地流于简单技能教学，其效率和效果都是明显不同的。只有在体育教学中注重学生思维品质的培养，学生才学得生动活泼，学习主动性才会明显增强。学生的主体地位得到充分落实，教学效果就会提高。

**三、培养学生的创造力**

创造力就是指一种独立地、创造性地解决问题的综合能力，也是揭示事物内部新的联系，处理好新的关系的能力。人的创造力是在长期的实践活动中培养和锻炼得来的。它受社会环境等因素的影响，特别是教育的影响，是最重要的因素。体育教学作为教育的重要组成部分，它对培养学生的创造力有其得天独厚的条件。体育教学中如何培养学生的创造力，我认为应从以下几个方面着手：

（一）激发学生的学习兴趣

兴趣是人们力求接触、认识、研究某事物的带有积极主动倾向的心理特征。兴趣是激发人们创造性的直接动力，所以，体育教学应激发学生的学习兴趣。只有学生对体育教学内容感兴趣，才能引发求知的欲望，这就必须要求教师运用生动活泼的教学形式，采用引人入胜的教学方法，在给学生传授丰富多样的体育知识、技术与技能的同时、激发起学生强烈的认识兴趣和对所学技术、技能的好奇心，从而为其创造活动打下良好基础。

（二）体育教学中培养学生主动思考

学生是学习的主体，是最积极的教学因素，在体育教学中更应发挥其主动能力，在传授体育知识、技术时，要时刻注意对学生提出让其能积极主动思考的问题，以培养其积极的创造思维能力。学生只有在各种各样的体育教学中不断发现各种知识、技术之间的联系，并进行积极主动的思考，才能使培养学生创造性思维的目的得以实现。

（三）充分利用有效的手段

使学生在体育教学中掌握创造力的方法与体育教学中所学的体育知识、技术、技能之间，既有其内在的联系，又有其本质的区别。根据动作技能的正负"迁移"规律和体育技能的表象特征，增加动作形象的刺激。因为想象是人在原有感性形象的基础上创造出新形象的思维过程，一定的感性形象是想象的思维基础。所以，多增加一些外界的感性形象刺激，为想象提供必要的思维前提，是提高想象思维的一个十分重要的方法。因此，体育教学中，教师应多做示范，采用动态的图片、影视等，并采取类比的教学方法，使学生明确所学技能的表象特征和内部关系，为培养学生积极的创造性思维奠定基础。

创新是一种学习过程，需要技术知识的不断积累。因此创新过程是一种有组织的、时间序列的、不可逆转的路径依赖的过程。创新是与教师的"干中学"和学生的"用中学"等活动紧密相关的。因此，在体育教学活动中，不仅要向学生传授体育的基本知识和运动技能，提高学生身体健康水平，还应本着"授人以鱼，不如授人以渔"的教学理念，全面培养学生的体育创新能力，使他们学会在学习中进步，在进步中成长。

# 第五节　劳动技术课程中培养学生创新能力的方法

劳动技术教育是基础教育的重要组成部分，它的综合性，实践性和技术性的特点，决定了它在培养创新型人才过程中的重要地位和独特作用。通过劳技课培养学生的创新精神与实践操作能力，这是现代教育人才培养的目标。因此在劳技课中要激发学生的兴趣和求知欲，着力培养学生的创新意识、创新精神和创新能力。

**一、转变教学观念，实施劳技创新教学**

美国著名教育家布鲁纳指出："教学生任何科目，绝不是对学生心灵中灌输某些固定的知识，而是启发学生去获取知识和组织知识，教师不能把学生教成一个活动的书橱，而是教学生如何思维"。传统教学重在传授，以教代学，重知识、轻过程，缺少教与学的互动，忽视学生的思维过程，使教学过程难以成为创新实践能力的培养过程。创新能力的培养过程是学生自觉探索、不断发挥主观能动性的过程。因此，教学必须紧密结合实际，加强教师点拨下学生主体性的实践，重视激发学生的求知欲和探索兴趣，引导学生在实践中发现问题、分析问题，从而取得解决实际问题的成功体验。

例如：初中（八～九年级试用）劳技课本《电子与电工》，其中的第二章第一节"电阻的识别和检测"一节，是学生学习电子制作技术的开始，其中理论知识及电阻器元件的识别与检测，是基础中的基础，多用表的使用更是学生技能必须掌握的内容，在以后的学习中要经常用到。为此，教师应打破常规，以学生探究性学习为主线，设计了"认识电阻"——"辨析电阻"——"检测电阻"的三步创新学教法，取得了比较满意的实效。

具体过程是，从"认识电阻"出发，培养学生查阅资料，收集信息，处理信息的主观能动能力，通过"辨别电阻"让学生去接触电阻器，与电阻器面对面，辨别清楚什么是定值电阻，什么是可变电阻，什么是金属膜电阻，什么是碳膜电阻等各式各样电阻。通过"检测电阻"加深同学们对电阻的认识，以及学会准确记录数据，正确掌握测量方法，加深学生对误差概念的理解，培养学生严谨的科学态度，学生通过多用表检测电阻的实际动手操作，养成对科学检测一丝不苟的工作作风。

## 二、创设问题情境，挖掘学生创新潜能

心理学家告诉我们：兴趣是人积极认识事物或关心事物的心理倾向，是学习活动的机制。因此，我们应该重视学生兴趣的培养、开发和利用。所以在教学中，创设实际的技术活动或技术成果情境激发学生的学习兴趣，就会加大思维训练的力度，激发创新潜能。

例如：在七年级教材中《粉笔雕刻》这节课，一位教师花了好多时间，事先雕刻了一些比较别致、优美的作品（如小动物，十二生肖等）。开始上课时，先让学生欣赏这些优美的粉笔雕刻，学生欣赏完毕后，他们自会向老师提出各种问题："老师，小白兔的头是怎么雕出来的。""老师，小猪的腿怎么这么像呀，是怎样雕出来的?"等等。学生敢于提出这些问题，说明他们内心有了探究学习的欲望。这时笔者就把雕刻的基本方法、要点向学生交代清楚，然后要求学生根据自己手中的粉笔，想象设计一个造型，而不是局限于课本中小白兔造型。学生在想象设计中，教师要注意并鼓励学生敢于展示个性，标新立异，追求成功。同样，在学生雕刻成小动物的上色问题上，也不能作硬性规定。让学生自由发挥想象，着上自己喜爱的颜色。我在讲评时，请这样学生说说自己的理由，并给予肯定的鼓励。只有这样，学生才能学得主动、才能品尝到学习的乐趣与成功的喜悦，才会有信心去追求更多的成功。他们的创新能力，也会随之得到培养和提高。

## 三、提倡自主学习，发展学生创新能力

"让课堂充满生命的活力"，就意味着要学生能主动地参与学习。我们必须要把学习的自由还给学生。如果我们把每件事都手把手地教学生，那我们的学生怎么可能有主动参与的积极性。发现学习、创新

思维、创造能力又如何培养？只有在课堂内，提倡自主学习，留给学生"自由"，努力为学生创造"自由"，让学生成为学习的主人，才能发展学生的创新能力。

例如：在七年级课本《手工制作》中的"风筝制作"一节课的教学中，从"提倡自主学习"出发，精心设计了"了解风筝"——"放飞风筝"——"制作风筝"——"设计新风筝"的四步教学模式，收效良好。具体做法是：通过"了解风筝"，培养学生查阅资料、收集信息、处理信息的能力，借助"放飞风筝"，使学生回归自然，激发兴趣。同时掌握放飞风筝的技巧，学会调节风筝重心及拉线角度等技术；动手"制作风筝"，使学生学会画线、折叠、定位，扎线、剪纸、粘贴等基本手工技能，让学生感受劳动的愉快，成功的喜悦。促进学生自主合作、积极探索的学习态度。在"设计新风筝"的活动中，加强了科学、自然、美工等知识的整合运用，开拓发展学生的创新思维、创造能力。在小组讨论设计新型风筝的过程中，同学们的思维更加开放，设计出各种更新颖、更先进、更科学的新型风筝。如：气球带动风筝、滑翔风筝、遥控风筝等等。同学们的这些想象、设计就是创新。如果一开始教师让学生就照老师的样子去做，那么这些新的造型就无从谈起。但这种想象、设计，要有一个前提，即一定要具有观赏性、实用性、科学性。

**四、精编教学环节，提升学生创造素质**

有一位科学家曾经指出："创造源于实践。问题的提出、探索、解决需要实践，良好的思维品质的形成更需要实践。实践是认识的源泉、能力的土壤。"技术操作实践活动是劳技课的生命。劳动方法的掌握及技能、能力的提高，则更离不开实践。学生通过对实物的观察、分析，形成观察能力。教师要在学生观察活动中做必要的启发，激发他们的发散性思维。有些问题教师口授几次不能解决，学生往往经过实际操作，很快就掌握了。而技能情感的形成，要在战胜实践过程中的困难和挫折，经受失败和考验，不断总结经验教训后才逐渐形成。这就需要我们精编教学环节，提升学生创造素质。

例如：在《自行车脚蹬的拆装》一节课教学中，精编了这样的教学环节，要求学生两人一组。发给他们一个脚蹬，放手让学生自己操作。第一步要求学生两人一起把脚蹬全部解体，观察零部件的构造、作用和组合；第二步要求学生正确安装操作，学生很快完成了拆卸，进行安装，在安装过程中学生往往出现各种问题，有的把脚蹬碗装反，碗内钢球过多或过少（正确是 11 粒），轴挡与脚蹬之间的间隙过大或过小造成旷动或卡死现象等等毛病。这时，教师就巡回辅导，指正学生学会，使全班每一个同学都掌握了脚蹬拆装的技术，提升了学生的创造素质。

**五、开展多元评价，激发学生创造欲望**

教育心理学研究证明：正确的评价，适当的表扬和鼓励，可以激发学生的上进心、自尊心。要培养每一个同学的创新精神，就必须以正面鼓励为主。初中学生具有很强的自尊心和表现欲，生怕在提问或作答时出现差错，被同学取笑。此时，教师应善于观察学生，寻找课堂的兴奋点，鼓励学生大胆地提问，培养学生独立思考的学习方法，把学习的主动权交给学生，充分发展学生的个性。要认识到我们的学生个个聪明，创造力人人都有。及时捕捉学生在学习过程中出现的一个个小小的思想火花，用意会的微笑、赞许的目光等身体语言，给予肯定。即使有些是错误的想法、回答，教师也要不失时机地给予积极评价，使学生时时有一种愉快的心理体验。让创新的学习气氛充满整个课堂，最大限度地发挥每个学生的想象力和创造力。教师的热情鼓励，无疑是一种强有力的催化剂，可以激励学生活跃思维与创造欲望。激励评价的方式有：可以用口头表扬，作业加分，发奖状，评选小能手等各种形式，对学生的参与及时给予肯定，也可以经常在课堂上展示学生的优秀作品（包括虽然有缺点但有创意的作品）。

总之，在劳动与技术课的教学中教师必须尊重学生的个性，改变自己的职业心理；要承认学生兴趣、性格的多样性与接受能力的差异性，在此基础上，开展创新性教学活动，使课堂形成一种和谐的环境；使每个学生都能够自主、生动、活泼地学习，只有这样才能充分发掘出他们的创新思维与创造能力。

# 第六章 创新能力教学设计与案例

## 第一节 小学语文
## 《雷锋叔叔你在哪里》教学设计

刘娟荣 兴平市汤坊乡王堡小学

**教材分析：**

本课是一首儿童诗，作者以优美的语言和流畅的音韵，沿着"长长的小溪"和"弯弯的小路"，娓娓地向我们述说着，轻轻地拨动着我们的心弦。我们忍不住一遍又一遍地朗读，在心底真诚地呼唤着雷锋叔叔，仿佛听到了小溪在说话，小路也在说话：我们看见了在长长的小溪边，弯弯的小路上，哪里需要献出爱心，哪里就有雷锋精神的出现。

雷锋的名字经常被人们挂在嘴边，我们都知道雷锋是一名解放军战士，是一名全心全意为人民服务的解放军战士，读完这首诗，我们会明白，人们寻找雷锋——呼唤雷锋，其实就是寻找雷锋精神，呼唤我们都要向雷锋同志学习。

诗歌熟读成诵。让我们在朗读和背诵中去触摸雷锋昨天的足迹，让学生去寻找今天的活雷锋，去沿着雷锋叔叔的足迹，伸出热情的双手，捧出春天般温暖的爱心，帮助学生认识和了解雷锋，以便更好地理解课文。

**教具准备：**

带有毛泽东题词的雷锋画像，《学习雷锋好榜样》的歌曲磁带。

**教学过程：**

（一）激趣导入

1. 出示带有毛泽东题词的雷锋画像。这是谁？

谁能读读旁边的题词（向雷锋同志学习）

介绍：1962年8月15日，年仅22岁的雷锋因公殉职，毛主席得知消息后，为雷锋题词，并确立每年的3月5日为"学习雷锋纪念日"，雷锋成为全国各族人民学习的好榜样。

2. 过渡：我们到哪里寻找他呢？

（二）朗读课文，理解内容

1. 自由读课文，你读懂了什么？

2. 我们到哪里寻找他呢？

3 选读感悟，自主表达。

（三）选读课文畅谈发现

1. 让学生选择其中的某一节，并有所发现。

2. 把自己的发现在小组里说给同伴听，然后在全班说一说。

（四）质疑探究，理解诗意

1. 让学生提出还不明白的问题，教师随机点拨、引导，使其表达得更好。

2. 重点引导学生研究课后"泡泡"里面提出的问题。

用这样的句式来启发学生联想："我不仅在小溪旁、小路边找到了雷锋叔叔，我还在……看到了雷锋叔叔的身影。"理解雷锋是一个时时处处关心人、帮助人的好榜样。

（五）感悟朗读，深悟诗情

通过领读、对读等多种形式，读出好词、重点突出。读读记记中列出词语佳句的美感，读出诗歌的韵味，读出呼唤的语气和回忆雷锋光辉事迹时的神情，从而领悟作者对雷锋高尚品质的赞美之情。

（六）随情扩展，体验内化

说说你身边的雷锋也可说自己。

（七）巩固识字，教学写字

熟读句子，巩固识字。

雷锋叔叔曾踏着泥泞，送迷路的孩子回家；曾踏着荆棘，背年迈的大娘行路。那泥泞路上的脚窝，还深深地留在我们的记忆里；那花瓣上的露珠，将永远闪烁着雷锋的光辉。

（八）拓展活动

1. 有条件的话可以找到《雷锋》这部电影，让同学们看看。

2. 学唱歌曲《学习雷锋好榜样》。

3. 在班级内开展"争做小雷锋"的活动。

4. 开个故事会：我知道的雷锋。

**教学反思：**

1. 情感的延伸。如果文章仅仅停留在"哪里需要献出爱心，雷锋叔叔就出现在哪里"的表层意思，学习这篇文章也就失去了它的意义。因此可以采用让大家都来夸一夸班里的小雷锋的形式，既锻炼了句式的练习，又让学生感悟到只要人人献出一点爱，我们的世界将会变得更美好的思想感情。

2. 拓展训练是续写诗歌，但老师的指导很重要。比如，雷锋叔叔还会在哪里做好事呢？通过小组合作的形式续编诗歌，让学生学会合作，激发学生的创造性。

# 第二节　高中英语
# 《A garden of poems》教学设计

叶梅芳　厦门市五显中学

| 教学课题 | SEFC Book Ⅱ，Unit 4 A garden of poems，The third period（高二英语上册第四单元第三课时） | | |
|---|---|---|---|
| 课程类型 | 阅读课 | 授课地点 | 小多媒体教室 |
| 教学设计理论依据 | 英语教学是一种动态教学或活动教学，教学过程是交际活动过程。只有从组织教学活动入手，大量地进行语言实践，使英语课堂交际化，才能有效地培养学生运用英语进行交际的能力。新课标提出："外国语是学习文化科学知识，获取世界各方面信息和进行国际交往的重要工具。"和"……发展听、说、读、写的基本技能，提高初步运用英语进行交际的能力，……"，结合本年段国家级子课题"高中英语阅读理解策略的形成性评价"的实施和本班学生的实际，对教材进行了操作性较强的处理。 | | |
| 教材分析 | 本课是高二英语第四单元的第三课时，是一篇介绍诗歌的文章，内容包括了英文诗歌的发展历程，简要介绍了几个时期为中国读者所熟知和喜爱的著名英美诗人、作品特点、英文诗歌传入中国的历史以及英语诗歌的赏析，我在教学中将淡化语言点和语法知识的简单传授，采用任务型教学法和小组合作探究学习法，从而扩大课堂的语料输入量及学生的语言输出量。 | | |

| 学情分析 | 在高一年级英语学习的基础上，高二学生已经掌握了略读、跳读等一定的阅读技巧以及识别关键词、确定主题句、预测等阅读微技能，形成了初步的阅读策略。但大部分学生的基础知识仍然较为薄弱，运用英语进行交际活动的能力较差；主动学习的动力不够，然而他们学习比较认真，好胜心强，渴望在班集体里得到他人的承认，很在乎别人对他们的评价；求知欲旺盛，思维比较活跃。部分学生的基础较好，能主动配合老师，愿意开口讲。他们有着高中生独立、爱表现自我的特点。因此，只有设置使他们感兴趣的活动，因材施教，才能让他们投入到课堂活动中来。 |
|---|---|
| 教学重点 | 1. 对全文大意作整体理解。<br>2. 掌握本课的重点单词与词组：<br><br>Useful words and expressions<br><br>play with　　　　　　　absence<br>call up　　　　　　　　remind...of<br>despite　　　　　　　　lead to<br>time　　　　　　　　　come into being<br>belong to　　　　　　　stand out<br><br>3. 找出各段的主题句并归纳出本文的中心思想，提高运用英语的综合能力。 |
| 教学难点 | 1. 如何利用略读、查读等阅读技巧和识别关键词、确定主题句、预测等阅读微技巧形成阅读策略。<br>2. 如何帮助学生运用阅读策略，促进学生自主学习。<br>3. 怎样以阅读课的教学为依托，全面训练学生的听、说、读、写能力。<br>4. 掌握本课的重点单词与词组，指导学生借助工具书进行适当的辨析与拓展，提高实践能力。 |

| | |
|---|---|
| 教学<br>难点 | Useful words and expressions<br><br>play with                         absence<br>call up                          remind. . . of<br>despite                         lead to<br>time                            come into being<br>belong to                      stand out |
| 教学<br>目标 | （一）认知目标<br>1. 词汇和语言点（见教学重点第 2 点）。<br>2. 充分理解课文大意并完成所给的任务。<br>3. 用所学的词汇和语言点复述课文。<br>4. 用所学的知识与伙伴进行交流、沟通，学会交际。<br>（二）情感目标<br>利用多媒体手段营造积极和谐的教学氛围，使学生不自觉地进入情景之中，充分调动学生的思维活动和情感体验，引起学生的共鸣。本部分旨在培养学生通过阅读手段，获取有关英国诗歌方面的知识，提高他们的素质，扩大他们的国际视野，提高阅读能力，强化文化意识，激发他们热爱我国瑰丽的诗歌文化宝库的爱国热情。<br>（三）智力目标<br>在运用语言的过程中培养学生的观察力、分析力、想象力和自学能力，帮助学生加强记忆力，提高思维能力和运用英语的综合能力，激发创造能力。 |

| 教学方法 | 高中阶段是个体探索自我、发现自我、表现自我、塑造自我、完善自我的重要时期，高中生的认识能力比初中生普遍提高，自我意识进一步发展，独立意识等均有明显提高，通过活动课、小组讨论等具体形式，特别是创设有利于高中生自我认识、自我反省、自我调节的情境，利用他们自身较高的自我意识水平对自己的学习进行调节、监控。因此，本课主要采用以下几种教学方法：<br>1. 活动教学法：<br>"活动教学法"早在 20 世纪 70 年代末就已风靡澳大利亚、英、美等国家。根据 1998 年澳大利亚 ALL Guidelines（Scarino Angela，etal，1998）一书所述，宏观的活动教学法认为"活动"是联结教学大纲与课堂教学的纽带，教师必须把活动作为教学大纲的指导思想有计划、有步骤地实施。微观的活动教学法即指课堂教学活动中，将活动作为教与学的中心单位以促进语言习得者用目的语言（Target language）进行交际。它认为活动包含积极的有目的的语言使用环境，习得者必须使用已有的语言资源以满足在设定的语境中进行交际的需要。活动教学法（Activity Approach）是交际法家族的后起之秀。它一出现，就引起了外语界的高度重视，迄今已成为较为普遍采用的教学模式。活动的内涵可理解为："活"即活化、激活（activate）；"动"即行动（act）。<br>2. 任务型教学法：<br>任务型教学法是让学生在课堂活动中获得知识。任务完成的过程，就是一个知识转化的过程。它应具备以下特点：（1）以任务为中心，而不是以操练语言形式为目的。（2）任务的设计焦点应该是解决某一具体的贴近学生生活的交际问题。在任务型 |
|---|---|

| | |
|---|---|
| 教学方法 | 语言教学中，教师要从学生"学"的角度来设计教学活动，使学生的学习活动具有明确的目标，并构成一个有梯度的连续活动。在教师精心设计的各种"任务"中，学生能够不断地获得知识或得出结论，从注重语言本身转变为注重语言习得。从而获得语言运用的能力而不是仅仅掌握现成的语言知识点。随着"任务"的不断深化，整个语言学习的过程会越来越自动化和自主化。<br><br>3. 交际法：<br>交际法起源于功能法（Functional Approach），是 20 世纪 70 年代在西欧兴起的外语教学法科学的一个学派。它主张在教学内容上以"功能项目为纲"，力求使教学过程交际化，以培养外语交际的真本领。从心理语言学的角度来考察，语言同交际或交流始终紧密相联，语言功能首先就是交际功能。功能法把交际或交流作为全部教学的出发点，因此又叫交际法或交流法（Communicative Approach）。美国人类学家海姆斯 1997 年在《论交际能力》一书中认为交际能力包括：①形式上是否可能，即语法要正确；②实际是否可行，人们是否这样说；③语言是否得体，这包含语境、对话者的身份、性别等因素；④语言的可接受性如何、结果怎样。 |
| 学法渗透 | 本课我将结合活动教学法和任务型教学法，在教学中将学生分成四人一组的学习小组。让学生们在小组中通过合作和探究来完成他们的任务。<br><br>合作学习（Cooperative learning）是指促进学生在小组中彼此互助，共同完成学习任务，并以小组总体表现为奖励依据的教学理论与策略体系。合作学习起源于 20 世纪 60 年代社会心理学家对学生集体动力作用的研究。在 70 年代中期，合作学习兴起，80 年代中期逐步发展为一种课堂教学的策略。这一策略目 |

| 学法渗透 | 前已广泛用于 50 多个国家的中小学课堂。各个国家的合作学习的理论与实践有较大的差异，有的侧重相对结构化的方案，着眼于技能、概念、信息的掌握，有的注重非结构性的讨论或小组设计，着眼于社会化、高水平的思维或问题解决的技能。合作学习在形式上是学生座位排列由过去的秧田式变成合围而坐，但其实质是学生间建立起积极的相互依存关系，每一个组员不仅自己要主动学习，还有责任帮助其他同学学习，以全组每一个同学都学好为目标。教师根据小组的总体表现进行小组奖励，学生是同自己过去比较而获奖励。合作学习不仅有利于提高学生的学业成绩，而且能满足学生心理需要，提高学生自尊，促进学生情感发展与同学间互爱及学生社交能力的提高。通过这种形式的教学，学生可以较好地适应将来在校外可能遇到的各种能力差异，使个别差异在集体教学中发挥积极作用。 |
|---|---|
| 教学手段 | 1. 多媒体辅助：将本课所需要的动画、录音、图片、文字、图表和音乐制成 CAI 软件使抽象的语言变得直观，为学生运用英语进行交际创设情景。<br>2. 非测试性评价：传统的评价观念的出发点是学科本位，只重学科，不重学生发展。要体现新课程标准的实施效果，评价体系应该"正确反映外语学习的本质和过程，满足学生发展的需要"。为了达到这一目标，唯有重视形成性评价，充分发挥其积极作用，促进新的评价体系的形成。因此，本课我将各种活动设计成小组活动并开展小组竞赛和填写课堂自我评价表等非测试性评价手段，帮助学生学会自主学习，学会与人合作，培养创新意识以及具备科学的价值观。 |

## 教学过程设计

**教学步骤**

Step 1    Warming up（热身——英语诗歌朗诵竞赛）

**活动内容**

Hold an English poem recital competition. Divide the whole class into a number of groups. They need to collect English poems they like and practise before this competition. Each group asks one student to act as the competitor.

评价工具（选票）：

| Name | Title | Score | | | | |
|------|-------|---|---|---|---|---|
| Correctness | | 5 | 4 | 3 | 2 | 1 |
| Rhythm | | 5 | 4 | 3 | 2 | 1 |
| Feelings | | 5 | 4 | 3 | 2 | 1 |
| Translation | | 5 | 4 | 3 | 2 | 1 |
| Language | | 5 | 4 | 3 | 2 | 1 |

**设计意图**

**任务型活动**：课题的引入采用诗歌朗诵竞赛形式（课前十分钟完成），学生小组活动，收集适合朗诵的中外诗歌包括中英文译文，既锻炼了学生的动手收集材料的能力，又激发了参与学习过程的热情和竞争意识，学习了翻译、欣赏原文及其译作并学习体验了诗歌朗诵的美感。最后由全体同学对各组参与代表投票进行非测试性评价。

**教学步骤**

Step 2    Presentation（导入）

**活动内容**

Give two famous poems. One is Chinese and the other is English with their translation for the students to compare with. (Teacher shows on the screen. ）

| | Seven－step poem<br>By Cao zhi<br>They were boiling beans on a beanstalk fire,<br>Came a plaintive voice from the pot,<br>"O, while since we sprang from the self-same root,<br>Should you kill me with anger hot?" |
|---|---|
| **七步诗**<br>**曹植**<br>煮豆燃豆萁，<br>豆在釜中泣；<br>"本是同根生，<br>相煎何太急？" | |

| Dust of snow<br>By Robert Frost<br>The way a crow<br>Shook down on me<br>The dust of snow<br>From a hemlock<br>Has given my heart<br>A change of mood<br>And saved some part<br>Of a day I had rued. | **雪尘**<br>**罗伯特·弗罗斯特**<br>铁杉树上<br>一只乌鸦<br>抖落雪尘<br>撒我一身<br>我的心情<br>因此变化<br>一天的懊丧<br>已不再留下。 |
|---|---|

**设计意图**

紧扣上一环节的英文诗歌朗诵竞赛，课件展示两首中外著名的诗歌及其译文，引导学生初步了解东西方诗歌，古典诗歌和现代诗歌的异同，为后面的快速阅读和讨论环节作铺垫。

**教学步骤**

Step 3   Fast reading（泛读）

**活动内容**

1. Jigsaw（拼图游戏）：The teacher cuts each paragraph of the text into a little strip, shuffles the strips, and gives each group a strip. The

goal is for students to determine where each of their paragraphs belongs in the whole context of the story, to stand in their position once it is determined, and to read off the reconstructed story.

2. Let the students skim the text quickly and then answer these questions below, see if they can catch the main idea of the text.

**设计意图**

小组活动：任务一是一个有趣的阅读活动，学生在完成拼图游戏（把打乱的课文的各个段落的顺序排列好）的同时，对课文的大意实际上就有了一定的了解。任务二是快速限时阅读，把阅读课文作为整体来处理，检查学生对课文中的事实的表层理解，养成良好的阅读习惯，提高阅读技能。本环节难度不高，即便学困生也能完成此任务。成功给人以最大的满足，产生自豪感，增强学习毅力。

**教学步骤**

Step 4　Careful reading（精读）

**活动内容**

1. Get the students to read the reading passage again more carefully and find the main idea of each paragraph.

| Items | Main idea |
|---|---|
| Paragraph 1 | Why we need poetry |
| Paragraph 2 | Chinese poets and poetry |
| Paragraph 3 | Early English poets |
| Paragraph 4 | The 19th century English poems |
| Paragraph 5 | Modern English poets |
| Paragraph 6 | The introduction of English poetry into China |
| Paragraph 7 | Why more people are interested in English poetry |

2. Make a timeline that shows which poets were living during which century. Put all the foreign poets named in the reading passage on the timeline.

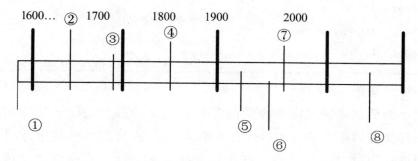

Keys：

①Shakespeare ②John Donne ③John Milton ④Alexander Pope

⑤Byron ⑥John Keats ⑦William Wordsworth ⑧Robert Frost

**设计意图**

小组活动：在快速阅读环节对课文表层理解的基础上，进行定段落大意、填写时间轴等对课文的深层理解。同组的学生互相配合，分工合作，交流意见，最终确定各段的大意，理清文章的内容。在阅读过程中，教师鼓励学生自己发现文章中的疑难点（包括部分生词），并通过小组合作，解决疑难点。

**教学步骤**

Step 5 Discussion（讨论）

**活动内容**

Get the students to discuss the differences between traditional poetry and modern poetry according to what they've learnt in the reading passage and the information they collect for the English poem recital competition before class.

| Traditional poetry | Modern poetry |
|---|---|
| fixed form and number of lines | form of the poem and the number of lines is free |
| usually had rhyme | usually doesn't have rhyme |
| had a fixed rhyme pattern | has free rhyme pattern |
| only some topics could be seen | can be about common topics |

**设计意图**

小组活动，利用课文所学内容和为英文诗歌朗诵所收集的材料以及已经掌握的中文诗歌，运用任务教学法对古典和现代诗歌作进一步的研究、探讨。相互交流，彼此双方的意见达到最终一致而完成自己的任务。人人都有均等参与的机会。充分发挥了学生的主观能动性，让学生动起来，让他们自动地投身于语言学习的活动中，使他们能在课堂教学活动中真正有一种学习主人的滋味，有一种成功的渴望和感受。把他们的表现欲充分调动起来，敢于表现自己，敢于运用所学的语言表达自己的观点、看法和思想。调动学生的创造性思维，开发学生的智力潜能，提高学生的创造思维能力。把教学活动变成了真正的交际活动，并将课堂活动推向高潮。在教学过程中学生之间的交流和相互启发、帮助和鼓励，学生从获得知识过渡到对新知识的理解、掌握和运用，激发学生的学习主动性和积极性，使学生变被动为主动，变浅层次的参与为深层次的参与。通过交际发现问题，修正错误，得到提高。伙伴间融洽的气氛使相互间的纠错容易接受，免却了学生的畏惧心理。学生深刻地理解、掌握课文后，通过这一活动强化了记忆的效果，使知识逐步转化为技能和能力。学生将所领会到的知识、技能运用到另一个情景中去，通过交际学会交际。使学生能鲜明地感受到学习的意义，显示了学以致用的功效。

**教学步骤**

Step 6    Assignment（作业）

1. Use the following guide to write a report for the poetry competition

held in this lesson.

（利用下列提示，写一篇关于本节课英文诗歌朗诵比赛的小作文。）

| | Report for the poetry competition |
|---|---|
| Paragraph 1 | Write a short first paragraph in which you say a few things about all the poems. |
| Paragraph 2 | Tell which poem won the first prize and explain why. Write something about the form of the poem and whether it was well written. |
| Paragraph 3 | Do the same for the poem that won the second prize. |
| Paragraph 4 | Do the same for the poem that wins the third prize. |

2. If you want to know more about English poetry, you can search the Internet，http：//www. enpizza. com/sbpage/poem. htm（要进一步了解英文诗歌，可根据所提供网址上网查询。）

3. 小组课堂评价表（课后完成）

非测试性评价：小组互评，了解学生的学习情感、策略，由组长负责，组织小组反思，填写下表（以 5 分制计），并存入学习档案。

| 姓名 | | | |
|---|---|---|---|
| 小组合作工作量 | | | |
| 组内活动创意 | | | |
| 查找资料量 | | | |
| 班级活动参与情况 | | | |
| 提出问题个数 | | | |
| 参与活动进步情况 | | | |

**设计意图**

任务型活动：课外作业，课堂小组活动延伸到课外，学生仍然可以互相合作完成该写作任务。该环节是本课所有教学环节的延续，通过写的练习，使学生逐步学会使用文段中的语言素材，活用固定的表达方法，学生需要用所学的语言讨论自己感兴趣的话题，表达自己的思想，与同伴交流各自了解的信息，达到了形成和提高写作能力与技巧的目的。

Blackboard design（板书设计）

```
        Unit 4 A garden of poems
            The third period
            English poetry
      Useful words and expressions

play with                    absence
call up                      remind... of
despite                      lead to
time                         come into being
belong to                    stand out
```

**Reflection after teaching（教学反思）**

本节课通过不同的任务设置，让学生在小组活动中通过合作和探究来完成各个任务，活动既有轻松有趣的诗歌朗读竞赛和重组课文段落的拼图游戏，又有需要深层思考的阅读理解活动和讨论活动，不同的任务设置激发了学生的学习兴趣和用英语表达的欲望，小组活动在竞赛中进行，使得小组活动既有合作又有竞争，增加了小组活动的有效性。同时小组竞赛和课堂评价表的非测试性评价手段对学生日常学习过程中的表现、所取得的成绩以及所反映出的情感、态度、策略等方面的发展做出评价，达到激励学生学习，帮助学生有效调控自己的学习过程，使学生获得成就感，增强自信心，培养合作精神的目的。

由于学生的语言基础不扎实，在表达自己的看法和用英语进行讨论时，不时有学生夹杂着汉语，或有的学生不敢大胆说出自己的看法，欲言又止。这说明，在平时的教学中，我应该呈现给学生更多的常用句型，让学生掌握常用句型，在让学生进行谈论前，应尽量帮助学生解决语言困难。在学生进行小组活动时，应尽量给学生更多的帮助，主动了解学生的语言困难。

# 第三节　小学数学《买文具》教学设计

**教学内容：**

北师大版义务教育课程标准实验教材一年级下册第70—71页。

**教学目标：**

1. 认识各种小面额的人民币及其换算关系。

2. 初步体会人民币的作用。

3. 培养学生的观察能力、动手实践能力，增强学习的主体意识。

4. 结合教学内容对学生进行节约和爱护人民币的教育。

**设计理念：**

在变化无穷的课堂里，到处充满着课改的气息，成功的教学不是强制性的灌输，而是激发学生的学习兴趣，促进学生动手、动脑，使学生主动发展。本节课教师从以人为本这一理念出发，变教师角色由单纯的指导者为学生学习活动的组织者和合作者，拉近师生的心理距离、情感距离，给孩子一个自主发现与创造的空间，使他们体验成功，体验快乐，产生不断学习的内心需要。

**教学过程：**

一、情境引入，整体感知人民币

（电脑播放笑笑到超市里购买各种文具的情境）

师：同学们，我们的好朋友——笑笑，今天早上来到超市，她发现呀，超市里的文具可多啦，琳琅满目，任你选购。不过，要买东西得用到什么？（钱）对极了，（电脑出示世界上有代表性的钱及中国各种面值的人民币）世界上的钱有多种多样，请看！这些是我们中国的钱，它的名字叫什么？你们知道吗？（人民币）。人民币有两种，这是纸币，是用一种特殊的纸做的，这是硬币，是金属制成的。这里有大面值的人民币，也有小面值的人民币，对于这些大面值的人民币今天我们暂且不学（电脑隐去5元以上的人民币），现在，就让我们和笑笑一起认识这些小面额的人民币吧。学了人民币呀，我们就懂得买学习用品了，这就是这一节课我们要学习的——"买文具"（出示课题：买文具）

二、探索新知，认识小面额人民币

那么，聪明的小朋友们，这些人民币你们认识吗？现在，请大家把你最熟悉的人民币在小组里介绍一下，一展你的身手！

现在，哪位勇敢的小朋友想先上来把你最感兴趣的人民币介绍给大家？（学生介绍后，老师：请先停一停，告诉大家，你是怎么知道这是5元的呢？……若有的人民币没有被认出，老师可叫其他同学上来介绍。）请小朋友们看看这些人民币，还有哪一种你比较不熟悉，趁现在再多看它几眼，并轻声呼喊它的名字。

同学们，请睁开你们明亮的大眼睛，瞧！这三行的人民币的排列都有什么规律呢？对了，元、角、分就是人民币的单位，那么，元、角、分这三兄弟有什么关系呢？笑笑也不清楚，不信？请听一个故事：笑笑认识了人民币，可高兴啦，她带着人民币到公园玩，来到公园门口，只见门口写着"票价1元"，她马上掏出钱来准备买票（掏出10张1角的人民币），可怎么找也找不到1元钱，笑笑可着急啦！小朋友，看着这些钱，想一想你们有没有办法拿出1元钱，谁愿意做件好事，帮笑笑买票？（学生答略）那么1角等于几分你们知道吗？

（电脑出示）1元＝10角　1角＝10分（齐读）

大家不但认识了各种小面额人民币，而且还知道了元、角、分是怎样互相换算的，现在，让我们一起来做个"开银行"的游戏好不好？假如我是顾客，你们是银行的工作人员，现在我拿5元到银行去找你们换1元的零钱，你们该拿多少张和我换呢？大家静静地把钱拿起来，举高，给老师看看！真不错！继续努力。

哪位小朋友愿意上来拿一张人民币，让班上的小朋友换换零钱。（5角换2角和1角；2角换1角。师：请问你想请谁换零钱？可以找小组、男同学、女同学或个别同学换。）元与元交换，角与角交换，大家已经会了，接下来，请各小组都来给一元钱换换零钱。

认真观察你们小组里的成员是怎样换的，希望你们组的小朋友每个人的换法都不一样。（小组活动完毕，请不同换法的小朋友上台展示。）

（反馈后）你们真是太聪明了，1元钱让大家换出了多种多样的零钱，看来呀，只要多动脑筋，大胆尝试，同一个问题就可以有多种不同的解决办法。不过，看到大家这么聪明，笑笑可不服气了，她偷偷告诉老师，她不但认识单张的人民币，好几张人民币放在一起，她也认识，而且还要赢过你们，想不想与她比个高低？（练习2.3）（指名答）

照大家刚才认人民币的速度，笑笑肯定和大家没得比，不过笑笑可不想就此罢休，她呀，又出了一道难题准备考倒大家，题目是这样的：你们知道人民币上都有一个什么标志吗？对了，上面都有一个国徽，国徽代表着我们伟大的祖国，所以我们都要爱护人民币。

三、自主应用，学会买卖文具

1. 小朋友，今天我们认识了人民币，也已经学会了钱与钱是怎样交换的，生活中，我们更需要钱与物品的交换，它们又是怎样交换的呢？大家是否能学以致用。（稍顿）现在，老师拿一支铅笔，它的价格是5角钱，哪位小朋友准备来买走它？请带好你的人民币。（个别买卖）

2. 哦！原来，买卖东西就这么简单。老师用几样学习用品，准备让各小组进行买卖活动，在活动前请听清楚老师的要求：请1、2号卖东西，3、4号买东西，5、6号当小助手，请各组的小组长上台领取学习用品。

3. 在现实生活中，我们有时遇到的买卖还会更复杂，如果你身上刚好有1元钱；1元钱还能做什么呢？假如你有1元钱，请不要随便花掉，把它存起来，捐灾区的小朋友，让同在一片蓝天下的儿童和大家一样幸福。

四、全课总结

通过"买文具"这一课的学习，你们学会了什么？

五、开放

现在，带着你们的钱，带着你们的知识，带着你们的智慧，到笑笑爸爸妈妈开的巴布豆店，米老鼠商店，KITTY猫商店（边说边挂牌）来买文具吧。笑笑说了，现在这几家商店正打折，欢迎大家光临。哪一小组的同学愿意上来当商店里的工作人员？（请其中一小组的同学上来）要当工作人员可得学会推销你们的产品，请问工作人员，你们准备怎样推销自己的产品？

教学反思：

教学是门遗憾的艺术，我们必须学会在反思总结的基础上，做好课后的补救工作。

上完这节数学课，我最大的感触就是：要使一节四十分钟的主题活动课不流于形式，应当使这一主题活动得以延伸，即向课后发展，向后找空间。本节体验活动课中所设计的几个活动，因为时间的关系，并没有做到让学生尽情地说，这对于体验活动课，不能不说是遗憾，于是课后我找到班上还没有所感触的学生，以小日记的形式来记录着值得回味的一课。

# 第四节  初中历史《伟大的开端》教学设计

**教材分析：**

本课为《历史》（北师大版）八年级上第三单元第13课，主要内容包括五四运动及中国共产党的成立，从整个单元的内容设置上来看，主要讲述了新民主主义革命兴起的背景及标志。通过学习本课应帮助学生对新民主主义革命的概念及其与旧民主主义革命的显著区别有初步的认识，从而为后面的学习做好铺垫。

**学情分析：**

本课教学的实施主体是八年级学生，从知识能力水平上来看，经过七年级的学习，已经一定程度上具备了历史学科的诸如：阅读简单材料，从图片、表格中获取历史信息，归纳整理等基本技能；经过八年级前两单元的学习，对新民主主义革命兴起的时代背景有了相当的感性认识，并能得出中国的命运历经洋务派、改良派与资产阶级革命派的努力仍未彻底改变的结论，这些都是学好本课的重要条件；从心理特点上看，初中学生活跃开朗热情，容易被激发出爱国的激情，尤其是升入八年级以后，学生比"小升初"时更添了一份理智，这足以使本课成为爱国主义教育的优良平台。

**教学目标：**

通过本课学习了解并能简述五四运动的基本史实，包括："五四运动"的导火线、过程、口号、结果及意义等，掌握中共"一大"召开的史实及历史意义。并通过上述教学使学生提高归纳课文和通过搜集史料中提供的信息进一步理解课文相关内容的能力。

**过程与方法：**

教师通过多媒体手段，采用讲述与影像资料结合的方式对本课背景作简要陈述；通过设计矛盾冲突和制造困难的方式，帮助学生主动探索与理解"五四运动"爆发的原因，且激发学生的民族情感；通过设计情境的方法，引导学生主动从课本中获取知识，并帮助学生树立自信，鼓励其大胆发言。

**情感、态度与价值观：**

通过对"五四运动"基本史实的学习和讨论等活动，帮助学生初步理解五四精神，激发其学习五四青年彻底、不妥协的精神，学习他们站在时代前沿不畏强权，勇于斗争，敢于承担历史重任的优秀品质。

通过了解中国共产党的成立和第一次工人运动高潮等史实，初步认识中国共产党的成立给中华民族带来了希望和光明，增强对中国共产党的热爱与敬仰。

**教学重、难点及解决策略：**

**教学重点：**"五四运动"的历史意义与中国共产党的诞生是本课教学的重点。

**解决策略：**

1. 通过分析运动的口号及运动过程中北洋军阀政府态度的变化，帮助学生理解"五四运动"的历史意义。

2. 通过设计"为秘密刊物写报道"的环节，引导学生提炼课文中有关中国共产党诞生的关键词语，加深印象。

**教学难点：**理解五四精神与中国共产党成立的伟大意义。

**解决策略：**

1. 通过设计"劝说胆怯的老师一同参加五四运动"的环节，引导学生体会"五四运动"体现出的青年学生敢于斗争的精神。

2. 通过阅读材料，设计为"中国革命面貌焕然一新"找"证据"的环节，引导学生建立中国工人运动史上第一次高潮与中共成立的联系，从感性材料中得出理性的认识。

**教学方法：**

讲述法、材料法、情境教学法、讨论法、朗读法等多种手段综合使用，视课堂教学实际情况略做调解。

**教学过程设计：**

主要步骤

教师活动预设

引入新课

投影：

中国近期外交活动照片

提问1：

看了图片，大家感想如何？时间到回 90 多年前中国还能有如此待遇吗？点评学生回答引入本课

学生活动预设

观察图片，感受建国以来中国国际地位的提升，通过思考问题，引发对学生近代历史的回忆。

设计意图

引导学生在对比中国代表今昔的地位变化中做好理解五四运动时代背景的准备。

教师活动预设

新课教学

播放：

《我的1919》片段，再现顾维钧巴黎和会讲话，点明五四运动的导火线，初步阐明五四运动发生前的国际背景。

讲述：

消息传入国内引发五四运动。

提问2：

同学们认为中国代表最难以接受的是巴黎和会的什么决定？

学生活动预设

学生发言，指出和会对中国权益的出卖和对中国尊严的践踏，得出五四运动的导火线。

设计意图

学生对该部分内容略知一二，但缺乏系统认识，受知识水平与时间限制，采用讲述法简述。通过提问，引发学生主动思考，并借此引起学生对列强行为的愤慨。

教师活动预设

一、五四风雷

提问3：

面对中国代表的外交失败，中国土地的断送，作为一名爱国学生，你要怎么做？（沉默：不在沉默中爆发，就在沉默中灭亡。发言：拍案，疾呼，走上街头抗争。）

设置情境（一）：

就在大家愤怒不已，准备走上街头的时候，教师说：我害怕了，谁能给我勇气，鼓励我，帮帮我？

讲述、点评：

点评学生发言，肯定发言，为大家不畏强权，敢于斗争的精神感动，五四精神一定能传承下去，明天一定会和大家战斗在一起。

提问4：

当年的青年学生是怎么做的？他们的行动又引发了怎样的变化呢？阅读课文后回答。

投影：

五四运动的时间、地点、主力等标题，供学生回答后填写。

提问5：

面对斗争主力的变化，北洋政府的态度变化了吗？出示证据，问这说明了什么？

点评后归纳五四运动的伟大意义，并投影本课要点。

讲述：

对新民主主义革命的含义作简要说明，并点明五四运动的开端作用。

投影：

新旧民主主义革命对照表

提问6：

资产阶级革命派由中国同盟会领导，那么中国的无产阶级由谁领导呢？引入下一目。

学生活动预设

对"提问3"进行自由发言，过程中，教师引导学生以力所能及的方式进行抗争的假想。

学生各抒己见，引导学生运用自己的口才，结合书上所学的知识，以文明的方式感动这位同学，说服他。

在回答中，以课本为主要依据归纳出五四运动的时间、地点及力量变化等要素。

学生讨论、发言，教师引导其得出工人阶级参加后，北洋政府妥协的结论。得出一系列结论：

无产阶级显示了巨大力量

革命进入转折阶段

设计意图

本环节的设计，旨在通过自由发言，引导学生感受当年爱国学生勇于斗争，不畏强权的精神，从而进一步感受五四精神，突破本课教学的第一个难点。明天学生根据问题一定会阅读课本，训练其归纳要点的能力。

设计本环节，以讨论、发言的方式帮助学生分析无产阶级力量的伟大，引导学生理解五四运动的历史意义，解决教学重点。

本环节旨在帮助学生理解中国革命斗争发展的必然趋势。同时对过程知识进行回顾。

教师活动预设

二、中国共产党的诞生

情境设置（二）：

1921 年 7 月 23 日，上海法租界召开了一次秘密会议，事关重大，与民族前途息息相关，为秘密刊物《共产党》写报道。点评后板书要点（成立概况）

投影：

1921 年 7 月 23 日，上海中共"一大"及与会代表及会议内容等相关图片。

提问 6：（视时间而定，可作探究）

请同学们探讨以下两个问题：

为什么陈独秀没有到会却被选为中央局书记？

提问 7：

课本用"中国革命的面貌就焕然一新"热情地赞颂了中国共产党的建立，你能从课本中找出这句话的根据或有力的证据吗？根据课外知识，还能有更多证据吗？

讲述：

建党后，中国革命有了新的革命方法，科学的指导思想，果然是面貌焕然一新，且真乃一件开天辟地的大事。点评学生回答，并着重指出中国工人阶级斗争的顽强精神，与斗争的艰难性。

投影：

相关人物事件

学生活动预设

阅读并撰写，可以合作完成。观看图片及要点加深记忆

自由讨论并发言，引导学生认识到陈独秀自文化运动以来的主要贡献及中国革命由无产阶级领导并走向胜利的必然性。

阅读课本 P67－68"工人运动的高潮"部分列举共产党领导下，工人阶级掀起的革命狂澜，教师引导学生得出第一次工人运动高潮便是"焕然一新"的突出表现。

设计意图

引导学生主动阅读材料，并归纳要点。

本环节旨在培养学生论从史出的认识。提高学生史论结合的能力。

回顾本课

以历史歌谣或提纲填空形式回顾本课知识，帮助学生加深印象。

朗读歌谣，填写投影中的空缺。

以歌谣的形式帮助学生回顾和记忆。

探究

探究一：

在今天这个和平时期，应怎样弘扬五四精神？

探究二：（备选）

联系地方史，找一找中国共产党建立后，你所在的地方的革命斗争有哪些变化？

本环节设置旨在联系现实、联系乡土教材，实现历史学科教学功能的扩大。

结语

播放：

视时间观看《恰同学少年》中"少年中国说"片段师生共勉，体味中国少年肩负的历史使命。

结语：

请大家永远铭记这段伟大的历史！

学生朗诵《少年中国说》

烘托出为民族解放事业奋斗的五四精神，将课堂气氛推向高潮

**教学反思：**

本课为 2008 年安徽省中学历史新课程教学评比的参赛课，使用的是北师大版教材，内容上与人教版有一定差别，但基本知识点、对学生的能力训练及情感教育的内容基本相同，对五四精神的理解是本课中一个较难的教学点。经过课堂实践，我发现学生虽然不能准确地阐述五四精神的含义，但是在民族危难的事实面前都能表现出强烈的社会责任感和民族自豪感，并满怀爱国热情，由此可见，教师通过扮演引导者创设情境、营造氛围，就有可能非常有效地调动学生主动学习。

# 第五节　初中物理《探究物质的一种属性——密度》教学设计

**教材分析：**

本节是这一章的重点，一是密度的概念、公式及应用，这是整个

初中物理的重要基础知识，是后面学习浮力、液体压强的基础；二是科学探究方法的学习和掌握既是物理课程的目标，也是物理教学的重要内容。

**设计思想：**

新的课程改革对物理教育提出了新的理念，将"培养学生的科学素养"作为物理教育的根本目的，将"从生活走向物理，从物理走向社会"，"注重科学探究，提倡学习方式的多样化"作为课程的基本理念。因此，在课堂教学中应该落实物理教育的基本目的，突出新的课程理念。在教学中从学生身边的例子入手提出问题，这样的例子让学生既觉得熟悉，但又不能回答其中的问题，从而激发学生的探究欲望，创设了探究情景，为后面的探究教学奠定了基础；密度的概念没有直接给出，而是通过学生自己提出问题、大胆猜想、实验探究，经过计算、分析、比较、交流，最后得出的。这样既让学生体验了科学探究的全过程，又让学生学习了科学探究的方法，还加深了对密度概念的理解。在第 2 课时，着重让学生学会应用所学的密度知识解决我们身边的问题，使学生感受物理有用，从而培养学生学习物理的兴趣。

**课题**

第二章　第三节　探究物质的一种属性——密度（第 1 课时）

执教　陈兆勇

**教学目标**

1．知识与技能

通过探究实验，进一步熟悉天平的构造、正确使用方法和注意事项。学会用刻度尺、量筒和天平测定液体和固体的体积与质量。

通过探究实验，归纳出物体的质量、体积和密度三个物理量之间的数学关系，理解物质的属性之一——密度。

2．过程与方法

通过实验探究进一步理解科学探究的基本过程。

通过实验探究，初步理解物理中研究问题常用的求比值的基本方法。

3．情感、态度和价值观

通过实验探究培养学生严谨细致、实事求是的科学态度和团结合作的精神。

培养学生留心观察身边的物理现象，敢于大胆提问，乐于主动探究日常现象中的物理道理的科学精神。

**重点**

实验探究

**难点**

密度单位的写法、读法及换算

**教具**

演示　天平砝码、木块 2 个、石块 2 个、量筒、水，肥皂 1 个、泡沫 1 个、煤油

学生　天平砝码、木块 2 个、石块 2 个、量筒、水、烧杯 2 个

教学过程

教师活动　学生活动

**提出问题**

演示实验：

1．用纸包着一块肥皂和一块泡沫的长、宽、厚度一样，也就是体积一样，但是，用手掂一掂，肥皂的质量要比泡沫的质量大得多。

2．同样的两个烧杯分别装有体积不同的水和煤油，放在天平上却能平衡，说明它们的质量却又是相同的。

进一步提问：

1．为什么体积相同的不同物质，它们的质量不相同？

2．为什么体积不同的不同物质，它们的质量却又相同？

你在生活中见过类似的现象吗？

学生动手参与、观察思考并回答。

学生举例。

**猜想假设**

启发学生对上述生活和实验中的现象进行大胆猜想：（将学生有代表性的猜想和假设列在黑板一侧进行归类，鼓励学生大胆去猜想和假设）

学生大胆进行猜想。

**实验探究**

组织实验探究：1. 引导学生理解实验方案，每种物质要选质量和体积不同的两组，是为了探究同种物质的质量与体积的比值是否与体积或质量有关？选三种不同的物质是为了探究不同物质的质量与体积的比值是否相同。2. 对实验过程进行指导。

按方案进行实验，合理分工，并做好实验数据记录。

实验数据如下：

|  | 质量（克） | 体积（厘米³） | 质量/体积（克/厘米³） |
|---|---|---|---|
| 木块 1 | 5 | 10 | 0.5 |
| 木块 2 | 10 | 20 | 0.5 |
| 石块 1 | 10 | 4 | 2.5 |
| 石块 2 | 20 | 8 | 2.5 |
| 水 1 | 50 | 50 | 1 |
| 水 2 | 100 | 100 | 1 |

计算质量与体积的比值。

**归纳总结**

1. 分析数据：

A. 木块的体积增大几倍，它的质量也增大几倍，质量和体积比值一定；

B. 石块的体积增大几倍，它的质量也增大几倍，质量和体积比值一定；

C. 水的体积增大几倍，它的质量也增大几倍，质量和体积比值一定；

D. 木块的质量跟体积比值不等于石块（水）的质量跟体积的比值。

从表中可看出不同种类的物质，质量跟体积的比值是不同的，质量跟体积的比值就等于单位体积的质量，可见单位体积的质量反映了物质的一种特性，密度就是表示这种特性的物理量。

2. 密度

A. 密度定义：某种物质单位体积的质量叫做这种物质的密度，符号 $\rho$

B. 密度公式：$\rho = m/V$；$m$ 表示质量，$V$ 表示体积

C. 密度单位：千克/米³（$kg/m^3$）；克/厘米³（$g/cm^3$）

$1g/cm^3 = 1000kg/m^3 = 10^3 kg/m^3$

分析

练习 $\rho$ 的写法

练习单位的化法

**交流与讨论**

3. 思考与讨论

（1）对同种类物质，密度 $\rho$ 与质量 $m$ 和 $V$ 的关系。

（2）不同种类物质，密度是否相同？这说明什么？

（3）公式的物理意义。

思考讨论

**小结** 密度的引入目的、概念、公式、单位

**作业** 指导丛书 P26 1. 2. 3

生活离不开物理，物理离不开生活。物理知识来源于生活，最终又服务于生活。本课题我从生活实际中引出物理问题，又用物理知识来解决生活中的问题，让学生体会到物理就在身边，感受到物理的趣味和价值，体验到物理的魅力。在教学方式上也严格按照新课标的要求来操作。学生的学习积极性也比前几届的学生好，学生掌握和理解

知识点也比较好。

# 第六节　初中化学《溶液的酸碱性》教学设计

### 教学目标

知识目标：①认识溶液的酸碱性；②认识酸碱指示剂；③了解几种常见物质的酸碱性。

能力目标：①学会知识的迁移，会运用溶液的酸碱性解释一些生活常识；②能运用溶液的酸碱性解决生活中一些简单的问题。

情感目标：①通过波义耳发现酸碱指示剂的事例，培养学生善于观察的化学思想和化学习惯；②通过环境对植物的影响，培养学生的爱护环境，保护环境的行为习惯。

### 教材分析

本节知识是继溶液后的一个关于溶液知识升华的知识内容。该知识是一个承前和启后的过渡知识。学好这节知识内容，既对后面知识起铺垫作用，又能使同学们对生活中一些有关物质酸碱性的知识有起码的了解，不至于发生一些可以避免的事故。

本节知识是酸、碱、盐的起点知识，定性地认识溶液的酸碱性对后面定量认识溶液的酸碱度，以及掌握酸、碱盐都是必备的知识。物质的酸碱性对人们的生活影响越来越大，了解溶液酸碱性有不容忽视的实际意义。

基于本课的内容特殊性，本课主要采取学习探究学习教学为主，教师的引导为辅。教学设计注重教师在学生探究过程中的引导作用，配套学案设计注重阶梯性，在学生探究过程中起到提纲的作用。课堂设计突出学生的主体地位，充分调动学生学习的积极性，让学生以一种愉快的心情学化学。通过本节课的教学，培养学生的科学精神和科学态度，使他们逐步养成关注社会、关注环境，从化学的角度分析、认识社会现象的习惯。

158 *Ruhe Peiyang Xuesheng de Chuangxinnengli*

**教学过程**

| | 教师活动 | 学生活动 | 设计意图 |
|---|---|---|---|
| 创设情境<br>引入新课<br><br>教师设疑 | 从同学们熟悉的物质：盐酸、硫酸、食醋开始引入探究实验<br>在实验中我们同学看到什么现象 | 取点滴板，分别往其中的两个孔穴中滴几滴白醋、稀盐酸和稀硫酸，再分别滴入2—3滴紫色石蕊试液 | 让学生接触紫色石蕊试液 |
| 小结 | | 我们看到紫色石蕊试液都变红了<br><br>像盐酸、硫酸、食醋这些有酸味的物质能使紫色石蕊试液变红 | 为进一步探究紫色石蕊试液的作用打基础 |
| 教师设疑 | 由上述现象我们能作何猜想 | 思考、讨论 | 引导学生进一步为下面的探究作铺垫 |
| 学生交流讨论 | 如想证明我们的猜想是正确的，还要进行哪些工作 | 还要证明其他有酸味的物质是否也能使紫色石蕊试液变红；以及其他不具有酸味的物质是否也能使紫色石蕊试液变红 | 培养学生以后的探究活动的一般能力<br><br>培养学生的合作精神 |
| | 用我们桌上的仪器和用品进行你们的探究实验 | 学生测试自己带来的各种生活用品和一些食物和饮料是否能使紫色石蕊试液变红 | 让学生熟悉生活中常见物质的酸碱性 |
| 小结 | 具有酸味的物质能使紫色石蕊试液变红 | 猜测、讨论 | |

| 设疑 | 其他没有酸味的物质能使紫色石蕊试液呈现什么颜色 | | 把紫色石蕊试液的相关作用进行拓展 |
|---|---|---|---|
| | | 往上述点滴板剩余的孔穴中分别滴入几滴纯碱溶液、澄清石灰水、氢氧化钠溶液再分别滴入 2－3 滴紫色石蕊 | |
| | 在实验中我们同学看到什么现象 | 看到紫色石蕊试液变蓝 | |
| 小结 | 我们把能使紫色石蕊试液变蓝的溶液称它们具有碱性 | | 引入碱性溶液的概念 |
| | 如何用桌上现有的仪器和用品证明氨水的酸碱性。 | 讨论，交流 | |
| 知识运用设疑 | 氨水呈什么性 | 氨水呈碱性 | 进行知识的运用并对紫色石蕊试液的用途加以巩固 |
| 结论创意 | 如果请你根据紫色石蕊的以上实验现象和你得出的结论可推测紫色石蕊的作用是什么 | 判断溶液的酸碱性 | |
| | 请你给紫色石蕊起个名字，你认为可以叫什么 | 叫酸碱指示剂 | 培养学生对实验结果和信息的处理能力 |

| | | | |
|---|---|---|---|
| 探究实验 | 桌上还有一种试剂叫"酚酞",请你用桌上的仪器和用品探究它是否具有和紫色石蕊一样的用途<br>酚酞遇到碱性溶液变红 | 学生进行讨论,交流制定探究步骤,并进行探究实验 | 增加课堂的趣味性,激发学生的兴趣<br><br>进行学生能力提高训练 |
| 小结 | | 酚酞试液能判断溶液是否呈碱性 | 培养学生的归纳能力 |
| 回忆 | | | |
| 创设回忆情境 | 整个实验过程我们看到的现象有哪些<br><br>在当时我们的解释是现在我们还知道产生这一现象是因为我们把能判断溶液酸碱性的物质叫什么 | 学生回忆,讨论,总结微粒是不断运动的氨呈碱性,能使酚酞试液变红 | 巩固已学知识,并对原有知识进行升华<br>培养学生的归纳概括能力 |
| 设疑<br>结论 | | 酸碱指示剂 | |

| | | | |
|---|---|---|---|
| 趣味游戏 | 游戏规则：分别有一名同学扮演"石蕊小姐"和"酚酞先生"，下面的同学对他们说"我是……（说物质名称）"由"石蕊小姐"和"酚酞先生"根据他们的提问举起面前相应的各颜色的牌子［红色、蓝色、白色（表示无色）］ | 增强课堂的趣味性，加强学生的课堂参与性，使知识在趣味活动中被学生掌握 | |
| 巩固练习 | 1. 完成下列表格<br><br>| 指示剂名称 | 遇酸性溶液呈现的颜色 | 遇碱性溶液呈现的颜色 |<br>|---|---|---|<br>| 紫色石蕊试液 | | |<br>| 无色酚酞试液 | | |<br><br>2. 判断下列说法是否正确<br>（1）紫色石蕊能使酸性溶液变红。<br>（2）无色酚酞滴入某溶液中不变色，则该溶液显酸性 | 对知识进行巩固<br><br>加强学生对细节的注意 | |
| 诊断与找茬 | 阅读书本 P177 拓展视野 1. 酸碱指示剂的发现并讨论：为什么波义耳发现紫罗兰沾了盐酸后变成红色没有立即下结论：紫罗兰遇酸变红你从波义耳发现酸碱指示剂这件事能悟出 | 学生阅读并讨论<br><br>猜测<br>交流 | 培养学生的探究精神和探究思想，学习前人的经验又不迷信前人 | |

| | | | |
|---|---|---|---|
| 感悟<br><br>拓展<br><br>知识运用 | 什么道理<br>阅读拓展视野 P178<br>3. 花的颜色。自然界不但同一种花在不同的酸碱性环境下呈现不同的颜色，其他植物也如此，你能举例吗<br>用我们桌上的酸碱指示剂测定你们从家里带来的各中物质的酸碱性 | 学生交流、讨论<br><br>学生探究实验活动<br><br>汇报交流各物质的酸碱性。 | 培养学生注意身边的事和物，养成善于观察善于思考的好习惯<br>培养学生的辩证唯物主义精神，和热爱环境热爱大自然的朴素的自然观<br>让学生了解日常生活用品的酸碱性 |
| 创设情境<br>促进知识<br>迁移 | 新闻回放<br>混用洗涤剂会致人死命（信息来源：《泉州晚报》）<br>本报讯各类洗涤剂已成为家庭主妇的必用品，然而，近日，外地有的家庭主妇在打扫卫生时因将多种洗涤用品混用，而导致中毒，甚至命丧黄泉 | | 用事实让学生提高警惕 |
| 质疑 | 对此，结合你刚才的实验，你对你妈妈在使用各种洗涤剂时要提哪些建议 | 学生交流讨论，汇报各自的想法 | 促进学生知识的应用 |

| 生活常识 | ① 鱼味道鲜美，但剖鱼时如不小心弄破鱼胆，胆汁沾在鱼上，便有苦味，产生苦味的是一种叫胆汁酸的物质，它呈酸性且难溶于水。根据你刚才获得的知识，你认为在沾有胆汁的地方涂上下列物质可消除苦味的是（　　）<br>A. 纯碱溶液　　　　B. 食醋<br>C. 食盐水　　　　　D. 自来水<br>② 在制作皮蛋（卞蛋）时用到一种原料是纯碱，我们在吃皮蛋时常蘸着食醋吃，你知道为什么吗 | 通过对日常生活现象的质疑，提醒学生化学与生活的关系密切，平时要注重化学在生活中的应用 |

**课后反思：**

本节课重在溶液酸碱性的判定，而溶液酸碱性的判定借助酸碱指示剂。本节课一改以往直接把酸碱指示剂直接告诉学生的做法，改变了以往枯燥呆板的记忆方式，最后再加以简单的验证，而且验证的也只是教师提供的几种简单的药品或试剂。本节课注重学生的探究，通过学生的探究活动获得经验，加以猜测，并进一步进行探究实验加以验证，使知识的产生不是形成于教师的灌输而是形成于学生的经验，并由经验生成知识，使学生对新知识的认识和掌握都处于一个动态的过程，处与学生迫切想知道的状态中，从而促进学生的探究欲望。

本节课还充分体现了新课程的要求，注重知识的运用，尤其是与当前的社会热点——环境问题、素质教育问题密切联系，使学生在生动活泼的教学情境下了解这些问题与自身的密切联系。

本节课还注重学生对知识的巩固上进行改进，使知识的巩固不是通过教师枯燥的概括实现，而是通过学生的积极参与，以趣味游戏的方式进行，大大提高了课堂的生动性、活泼性，也体现了化学课的以学生为本的精神。

# 第七节　初中生物《环境影响生物的生存》教学设计

**知识目标**

举例说出影响生物生存的环境因素；举例说明生物之间有制约和联系。

**能力目标**

通过收集资料培养学生搜集资料的能力；通过观察图片培养学生的分析能力。

**情感态度与价值观目标**

感受生物的生存依赖于环境，意识到保护环境的重要性。

**教学重点**

举例说出环境因素——生物因素对生物生存的影响。

**教学难点**

举例说出生物因素对生物生存的影响。

**教学准备**

教师准备：制作多媒体课件；

学生准备：收集有关资料；

**教学过程**

| 教学内容 | 教师行为 | 学生行为 |
|---|---|---|
| 情境导入 | 有一种水母虾，常常成群栖息在水母伞下的口腔之间，受到很好的保护，而当虾发现有情况急速逃离时，水母一受惊动也会随之下沉，因此对水母来说，虾是忠实的警戒员。每个生物都与它所处的环境中的其他生物发生相互作用，同种和不同种生物之间有什么关系？某种生物的生存也受到周围其他生物的影响吗？ | 激起学生的好奇心和求知欲，激发学习的主动性，提高学习兴趣 |
| 分析生物因素对生物生存的影响 | 引导学生分析阅读 P8 资料，说出影响丸花蜂生存的生物因素。<br>引导学生分析图片资料：<br><br>小结：蝴蝶与有花植物是不同种生物，它们之间是一种种间的互助关系。菟丝子寄生在大豆的茎上，是种间的寄生关系。蚂蚁和蚂蚁之间是种内的互助关系。狮子和斑马是不同种生物之间的捕食关系。<br>生物因素对生物的影响 | 说出影响丸花蜂生存的生物因素有找蜜鸟和挖蜜獾<br><br>小组讨论，分析图片中生物之间的关系并举出其他事例 |

| 生物因素对生物生存的影响 | 自然界中的每一个生物，都受到周围很多因素的影响，在这些生物中，既有同种的，也有不同种的。因此，生物因素可以分为两种：种内关系和种间关系。 | 课前收集资料，课上交流，举出事例 |
|---|---|---|
| 种内关系 | 1. 种内关系——生物在种内关系上，既有种内互助，也有种内斗争。<br>多媒体展示图片：蚂蚁合作搬运食物<br><br>种内互助的现象是常见的。例如，许多蚂蚁一起向一个大型的昆虫进攻，并把它搬运到巢穴中去。<br>多媒体展示图片：<br><br>同种个体之间由于争夺食物、栖所或其他生活条件而发生斗争的情况也是存在的。例如，有些动物的雄性个体，在繁殖时期，往往为了争夺雌性个体而与同种的雄性个体进行斗争。<br>多媒体展示动画：生物因素 | 说出蚂蚁之间的关系并举出其他事例<br><br>说出河马之间的关系并举出其他事例 |

| | |
|---|---|
| 学了本节课你得到哪些收获和启发？<br><br>快乐点击<br><br>知识在线<br><br>1. 生物的生存也受到环境中其他生物的作用和影响。下列生物的相互作用中，属于寄居在别的生物并对其他生物造成伤害的是（　　）<br><br>A. 一只鸟在橡树上筑巢<br><br>B. 蝙蝠给仙人掌传授花粉<br><br>C. 跳蚤吸食猫的血生存<br><br>D. 大肠杆菌在人的肠内制造维生素 K<br><br>2. 有一种植物，只能依赖一种摄取花蜜的蝙蝠为媒介传送花粉，然而此种蝙蝠因人类大量捕捉而灭绝，试问此植物个体数会发生什么变化？（　　）<br><br>A. 逐渐增加　　　　B. 逐渐减少<br><br>C. 不受影响　　　　D. 先增加后减少<br><br>3. 将生物与环境中的拟人关系相连：<br><br>互利共生　　　　　你死我活<br><br>寄生　　　　　　　你好我也好<br><br>竞争　　　　　　　你好我不好<br><br>捕食　　　　　　　你争我斗<br><br>思维冲浪<br><br>4. 罗马岛位于美国苏比利尔湖中，在罗马岛上捕食动物狼和被捕食动物驼鹿存在着捕食关系。 | 说出常见的生物之间关系的成语<br><br><br><br><br><br><br><br><br><br><br><br><br><br><br><br><br><br><br><br><br><br>讨论完成<br>深化课内学习成果 |

图表表示的是 1955－2000 年驼鹿群与狼群之间的数量关系。从 1965－1975 年，驼鹿群的数量是增加的。

（1）图中哪一条是驼鹿群曲线，哪一条是狼群曲线。

（2）在 1980 年的时候，驼鹿群和狼群之间有什么影响？

（3）如果有一年在狼群中出现一种疾病，随后一年会对驼鹿群产生什么影响？

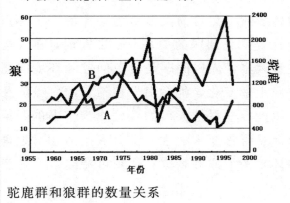

驼鹿群和狼群的数量关系

**教学反思**

一个好教师教人发现真理，一个普通教师奉送的是真理。在教学中重视培养与提高学生独立获取知识的能力、思维能力，让学生在民主、平等、和谐的气氛中开展生—生对话、生—师对话与交流、合作与独立、尊重与反思，形成尊重客观事实、敢于怀疑、坚持真理和勇于反思等科学素养。在教学中为学生创设一个探究、认识的情境，使学生产生解决问题的主动性和积极性。在教学中充分引导学生求异质疑、创设发现问题和运用知识解决问题的情景，并创设师生互动、生生互动、探究学习、合作学习的情景，引导学生发现问题、提出问题，并通过学生的寻找解决问题的途径。这样，既有效地促进学生参与教学活动、主动学习、自主建构知识，又能充分发挥教师的指导作用。

课前让学生查阅、收集资料，课上学生能举出许多生动的例子，丰富了学生的知识也拓展了学生的视野。

# 第八节 高中地理《人口的数量变化》教学设计

泉州九中 高一年地理备课组

## 教材分析

人口、资源和环境问题是目前人类最为关注的三大热点问题。沿着人类成长的足迹探究三大问题的关系，不难发现，在人类与环境的关系中，人口是关键因素，人口问题是资源问题和环境问题产生的根源。人口数量和空间上的变化，都会引发包括资源、经济及社会等在内的一系列变化。因此，教材把人口的变化作为全书的开篇。这也正符合了高中地理课标总目标要求学生"了解人类活动对地理环境的影响，理解人文地理环境的形成和特点；认识可持续发展的意义及主要途径"的要求。

第一节教材内容的课标要求分析不同人口增长模式的主要特点及地区分布。首先从数量这样一个最直观的角度来探讨人口的变化，因为目前我国和世界上的人口问题，正是由于人口增长过快引起的。并且，这一部分的基础知识，初中已有涉及，由此引入，更显得顺理成章，有助于学生对该问题有更深层次的认识和理解，进一步树立起人地关系的思想理念。

## 学情分析

作为当今世界最令世人关注的三大问题——人口、资源与环境问题，学生是具有一定的知识储备的，特别是人口及人口问题的基本知识，学生在义务教育阶段中的地理课及生物课中都已学过。但大部分学生对这个问题的认识都只是停留在表面现象上，因此高中地理课程标准要求学生能分析不同人口增长模式的主要特点及地区分布，目的旨在使学生对这个问题由初中的感受型为主提升到理性认识层面。同时，教学中有意设计了部分活动，使课堂教学更为活跃，也使学生能够更乐于参与互动，并从中达到学习目标。

**教学目标**

（一）知识与技能

1. 使学生理解人口自然增长率的概念，能据图说出世界各大洲人口自然增长的地区差异，了解人口基数对自然增长率、人口增长绝对数量的影响。

2. 使学生掌握人口增长三种模式的名称和特点，能利用人口资源或图表，判断其所属的人口增长模式及其转变。

3. 使学生进一步理解我国的计划生育政策。

4. 培养学生良好的读图习惯，教给学生读图的方法和技巧，让学生掌握读图的要领，提高从地图中获取知识的能力。

（二）过程与方法

1. 通过对图片资料的分析，理解世界各国公众对目前已十分庞大，并且还在不断增长的世界人口的关注。

2. 利用相应的文字资料和练习题阐明人口自然增长与自然增长率的关系及自然增长率与出生率、死亡率的关系。

3. 利用图表分析、比较法引导学生概括世界人口变化在不同时期的特点和同一时期不同地区人口增长的差异，理解相应国家不同的人口政策，完成读图思考。

4. 讲解人口增长模式的含义，借助图表、案例分析和讨论，认识不同人口增长模式的特征差异，启发引导学生对不同的人口增长模式的形成，转变进行深入阐释。

（三）情感、态度与价值观

1. 通过学习帮助学生树立正确的人口观、可持续发展观。

2．进一步培养学生具体问题具体分析、从发展的角度看待问题的辩证唯物主义世界观。

3．通过学习进一步加深学生对我国计划生育基本国策的理解。

**教学重点**

1．理解人口数量增长在时间、空间上的差异及其成因。

2．理解三种人口增长模式的特点和转变的原因。

3．培养学生良好的读图习惯，提高学生从地图中获取知识的能力。

**教学难点**

1．人口增长模式的转变。

2．比较两种"低增长率"的人口增长模式的本质区别。

**教学方法**

问题引导法、讨论法、比较法、因果联系法、中心主线法、材料分析法、多媒体辅助教学。

教具准备：多媒体课件

**教学过程**

（一）课前准备

自主学习：预习教材内容，完成基础知识梳理。

（二）课堂教学过程

［新课导入］

★互动一

老师：大家春节回去有没有发现自己住的社区周围人口有没有什么变化？

学生：略

**老师小结**

很多同学都感觉到了人口数量上有所变化，有变多的，有变少的。这就是我们这一章有关人口变化的一个最直观的在数量上的变化。那么是什么引起这样的变化，这样的变化对我们的过去、现在和将来已经产生、正在产生和将要产生怎样的影响，我们又该如何去面对？带着这些问题，接下来，我们就开始今天的内容——

（板书）第一章　人口的变化

第一节　人口数量的变化

[设计意图]

学生寒假归来的第一节课，从春节和师生平常的对话导入新课，显得很自然亲切，能很快地把学生引入本节的课堂教学，并激发他们对该课的兴趣。

[新课教学]

★互动二

（图片展示）：世界60亿人口日

老师：图片中，大家看到了什么？

学生：安南抱着一个小孩。

老师：为什么这个小孩的出生，社会会如此关注，甚至安南都要亲临现场？

学生：因为他们降临人世，意味着世界人口增长到了创纪录的60亿。

老师：是的，这个小孩的出世，意义重大，据说他很荣幸地成为了"世界公民"，可以享受许多优惠的政策……从这个图片，我们看到了世界的人口不断增长，目前已经达到了相当庞大的数量，并且这个数字还在以每年7000多万的数量在继续增大，请大家计算一下，到今年，世界人口已经大概达到了多少？

学生：约65亿。

[设计意图] 由书上的图片入手，并加入一些趣闻，有助于引起学生的注意，并让学生清晰地意识到人口问题的严峻。

（板书）一、人口的自然增长

（一）人口的数量变化在时间上是不均匀的

★互动三

请同学理解人口的自然增长由人口基数及自然增长率决定，而自然增长率由出生率、死亡率决定。

（1）通过实例及问答的方式使学生掌握出生率、死亡率以及人口自然增长率的含义：人口自然增长率＝出生率－死亡率

（2）根据P3"活动"，使学生得出人口的自然增长不仅与人口自然增长率有关，而且还与人口基数有关：人口数量的自然增长＝人口基数×人口自然增长率

［设计意图］针对人口自然增长和自然增长率提出一些相关问题，并通过实例和活动帮助学生对概念的充分理解。

★互动四

（课本图片展示）：10万年以来的人口增长和100年来世界人口的增长

结合课本的读图思考题，引导学生观察人口数量的时间变化特点，并分析影响人口增长产生时间差异的原因，使学生能够区分不同时期人口数量增长的快慢及判断依据。

在这个过程中培养学生读地理坐标图的能力，如何从中获取信息：（1）认清坐标表示的变量；（2）图形的变化特征：曲线坡度大小陡缓程度的含义；（3）思考各个变量之间的因果关系。

**教师小结**

人口增长的总体趋势：不断增长。

影响人口增长快慢的因素是多种多样的，但最根本的是生产力水平的高低，农业革命和工业革命都能促使人口的增长正说明了这个问题：

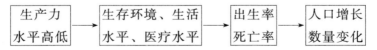

［教师承转］

人口的数量变化不仅在时间上有差异，同样在空间上也是有差异的。同一历史时期的不同国家或地区，往往也具有不同的人口自然增长特点。

（板书）（二）世界人口增长在空间上的差异——不均衡

★互动五

（课本图片展示）：1950年－2000年各大洲和地区人口数量的增长

通过问题引导学生观察人口增长的空间特点，并分析影响这一差异的原因。

在这个过程中培养学生读地理统计图的能力，如何从中获取信息：（1）认清图例，辨别柱子的色泽、长短所表示的含义；（2）比较同一时段（时间）不同对象，同一对象不同时段（时间）柱子的长短，确定其含义。

结合P5"阅读"，进一步验证人口增长在空间上的差异——发达国家与发展中国家

教师小结：（表格对比）

| | 自然增长率水平 | 人口增长 | 原因分析 | 今后变化趋势 | 典型国家举例 |
|---|---|---|---|---|---|
| 发达国家 | 保持较低水平 | 缓慢 | 社会保障制度健全，生育观念的转变等 | 较稳定，一些国家的人口还会逐渐减少 | 俄罗斯、德国和日本 |
| 发展中国家 | 水平较高 | 很快 | 政治上的独立，民族经济的发展，医疗卫生事业的进步，人口死亡率下降 | 人口增长开始趋于缓慢 | 中国、印度和巴基斯坦 |

［设计意图］针对课本的图片，采用问题引导法，将思考问题逐个分解，主要是为了帮助学生更好地理解人口增长的空间差异。同时，结合表格对比法使问题更清晰化。

★互动六

通过之前探讨的发展中国家人口自然增长率不断下降的趋势，引导学生讨论分析发展中国家和发达国家各自出现的人口问题和解决对策，树立学生的人口发展观。（结合课本图片1.5"世界部分国家的人口政策"，并向学生展示不同国家人们的生活图片来直观说明各个国家存在的不同的人口问题。）

为了帮助学生更好地理解中国的计划生育政策，采用以中国目前的人口增长数量与英国、法国、德国的总人口数量作比较计算，同时比较他们的GDP世界排名。

其间，适当补充各国具体采用的人口政策的材料，例如：日本、意大利耗资鼓励生育，印度采用的抑制生育政策等。

**教师小结**

发达国家——人口增长太慢：劳动力不足，资源得不到合理开发，空间得不到合理利用；人口老龄化，个人及社会赡养负担增加，社会福利和保障面临的压力增大，国防兵源不足等问题。

发展中国家——人口增长太快：劳动力过剩，就业困难，失业人口增加；衣食住行、教育、医疗卫生、交通等各方面的社会开支扩大，压力增大，影响社会经济的正常发展，影响人们的生活质量。同时，资源需求增大，人类生产和生活产生的废弃物增多，造成资源和环境问题，人地矛盾进一步被激化。

［设计意图］通过讨论法，结合学生自身所处中国的例子，更有利于培养学生的能力，吸引学生注意，更好地掌握不同国家针对不同的人口现状所采用的人口政策；同时，补充一些典型国家的例子和图片，激发学生的兴趣，活跃课堂气氛。

| 地区 | 出生率（%） | 死亡率（%） | 自然增长率（%） |
|---|---|---|---|
| 非洲 | 3.8 | 1.4 | 2.4 |
| 拉丁美洲 | 2.4 | 0.6 | 1.8 |
| 亚洲 | 2.2 | 0.8 | 1.4 |
| 发展中国家 | 2.5 | 0.9 | 1.7 |
| 大洋洲 | 1.8 | 0.7 | 1.1 |
| 北美洲 | 1.4 | 0.9 | 0.5 |
| 欧洲 | 1.0 | 1.1 | −0.1 |
| 发达国家 | 1.1 | 1.0 | 0.1 |
| 全世界 | 2.2 | 0.9 | 1.4 |

[教师承转]通过前面的学习，我们知道了人们衡量人口数量的增长主要是通过人口的自然增长率来衡量的，而自然增长率＝出生率－死亡率，这三项指标相结合就形成了人口再生产的不同特征，形成了不同类型，构成人口的增长模式。

（板书）二、人口的增长模式及其转变

★互动七

（课本图片展示）：图1.6"人口增长及其转变示意"

让学生通过读图比较三种人口增长模式的特征，采用问题引导：

（1）三种不同模式的出生率、死亡率和人口自然增长率的高低各有怎样的差别？

（2）为什么会有这样的差别？（引导学生注意从出生率、死亡率和人口增长率的变化入手：原始型发展为传统型主要是由于死亡率发生的变化，传统型逐步发展成现代型则是由于出生率发生了变化，从而探讨可能的原因。）

（3）三种模式可能分别出现于人类社会的什么历史时期？

**教师小结**

| 人口增长模式 | 出生率 | 死亡率 | 自然增长率 | 所处历史阶段 | 原因 |
|---|---|---|---|---|---|
| 原始型 | 高 | 高 | 低 | 农业文明 | 生产力的发展水平（具体略） |
| 传统型 | 高 | 低 | 高 | 工业文明 | |
| 现代型 | 低 | 低 | 低 | 后工业文明 | |

[设计意图]这一部分主要要求学生通过课本的图掌握三种人口增长模式各自的特点和产生的时间及原因。采用问题引导法，帮助学生自主地寻找答案，加强记忆，同时，培养学生解决问题的思维方式。

★互动八

幻灯片展示表格

**世界及各大洲的人口及其自然变化（2000年）**

通过表格的数据，让学生分析不同地区人口增长模式的空间差异，并引导学生对中国的人口增长模式的探讨。

**教师小结**

人口增长
模式的空
间差异
{
发达国家：现代型的人口增长模式（例如：欧洲和北美）
发展中国家：大多数属于由传统型向现代型的转变阶段
（例如：亚非拉地区）
全世界：以发展中国家居多——由传统型向现代型转变的
过渡阶段
}

［设计意图］针对这一部分，有意地准备了各个大洲人口的数据，更加直观，便于学生的比较和得出结论。

★互动九

结合"案例1"：芬兰人口增长模式的转变及P7的"活动"，让学生根据第二部分学习的内容，自主地归纳总结出针对芬兰这个国家人口增长模式转变的因素。

［设计意图］前面由老师帮忙引导，在学生掌握了一定的知识内容和分析方法之后，最后由学生自己来探讨，有助于开拓他们的思维和培养他们的分析能力。

［课堂小结］教师对本节内容作最后的概括评价。

［探究性问题］查阅49年以来中国历年的人口数据资料，绘制人口增长的统计图表，探究中国人口增长的发展趋势。

# 第九节　中学音乐《茉莉芬芳》教学设计

厦门市集美区上塘中学音乐教师　陈美叶

## 一、教材依据

选自江苏少年儿童出版社七年级第四单元《茉莉芬芳》第一课时。

## 二、设计思想

1. 教学指导思想：通过学习民族音乐，使学生了解我国优秀音乐文化遗产的丰富多彩，热爱民族音乐文化。

2. 设计理念："弘扬民族音乐"是《音乐课程标准》的十大理念

之一。

3. 要求："将我国各民族优秀的传统音乐作为音乐重要的教学内容，通过学习民族音乐，使学生了解和热爱祖国的音乐文化，增强民族意识和爱国主义情操"。

4. 教材分析：本单元以"茉莉花"为主题，选取数首不同版本的《茉莉花》，使学生通过学习，接触和感受我国优秀音乐文化遗产，了解民歌的传承、发展具有变异性和多样性的特征，产生欣赏的兴趣和继续了解与研究的愿望，热爱民族音乐文化。

5. 学情分析：刚踏入中学校园不久的同学们，对音乐课充满期待，因此，教师在课前应做好充分准备，在教学过程里，首先，注意教学切入点导入。其二，注重教学环节的衔接，用简练精悍的语言承上启下，将教学细节环环相扣，使课堂既生动又活泼，从而激起同学们对音乐课的喜爱。

| 课题 | 七年级（上）第四单元《茉莉芬芳》第一课时 | | | |
|---|---|---|---|---|
| 课型 | 综合课 | 授课教师 | 陈美叶 | |
| 课时 | 一学时 | 授课年级 | 七年级 | 上课地点 | 多媒体音乐教室 |
| 教学内容 | 演唱《茉莉花》<br>听赏萨克斯独奏《茉莉花》和钢琴独奏《茉莉花》<br>课程资源开发利用：补充家庭才艺节目录像无伴奏合唱与器乐合奏《茉莉飘香》等 | | | |
| 教学准备 | 钢琴、教案、音乐教学光盘、课件及网络辅助教学、多媒体等设备 | | | |
| 教学目标 | 知识与能力 | 1. 通过歌曲《茉莉花》的演唱，培养学生音乐感觉，增强自主学习和相互协作的意识与能力。且能自信、自然、有表情地歌唱<br>2. 通过两首乐曲萨克斯独奏《茉莉花》和钢琴独奏《茉莉花》的欣赏，感知音乐中的民族风格和情感，加深对民族音乐作品的感受与理解，有效地促进学生音乐审美能力的形成与发展 | | |

| 教学目标 | 过程与方法 | 1. 引导学生积极地参与音乐活动；通过歌曲的自主演唱，使学生在音乐审美过程中获得愉悦的感受与体验<br>2. 通过优秀音乐作品的欣赏，启发、引导学生养成聆听音乐作品的良好习惯；积极参与感受与体验，充分展开想象；保护和鼓励学生在音乐体验中的独立见解 |
|---|---|---|
| | 情感态度与价值观 | 通过对优秀民族音乐作品的学习，使学生了解和热爱祖国的音乐文化，增强民族意识和爱国主义情感。了解其在世界音乐中的地位和形象，培养学生对民族民间音乐以及中华文化的热爱 |
| 教学重点 | | 1. 培养自主学习歌唱的能力<br>2. 学会有感情地演唱歌曲《茉莉花》 |
| 教学难点 | | 对民族音乐作品作出恰当评价。通过听赏音乐作品，培养学生评价音乐的能力 |
| 教学方法 | | 情境教学法、引导聆听、感受想象、参与体验教学法、比较欣赏法、探究式学习 |
| 学法引导 | | 1. 通过对音乐作品的对比欣赏感受，关注学生对音乐兴趣、爱好、情感反应、参与态度和程度。培养学生聆听音乐的良好习惯<br>2. 通过对歌曲的学唱，采用自主参与演唱及跟唱法和模唱等方式来充分体验歌曲的情感 |

| 教学过程 | 备注 |
|---|---|
| 组织教学：<br>1. 课前播放乐曲或歌曲《茉莉花》，让学生轻松地走进音乐教室<br>2. 师生问好<br>3. 学生常规检查 | 情境创设<br><br><br>揭题<br>［设计意图通过听赏音乐《茉 |

| | |
|---|---|
| 导入新课：（一）学唱歌曲《茉莉花》<br>1. 学生听《茉莉花》乐曲进教室<br>2. 引导学生讲出歌曲的名称：《茉莉花》<br>3. 通过听《茉莉花》乐曲，引导学生说出这首《茉莉花》是哪个地方的民歌<br>4. 江苏民歌，旋律音调清丽、婉转，体现了柔美、细腻的风格（教师范唱） | 莉花》进教室，让学生讲出歌曲的名称，以及它是哪个地方的民歌。为这节课的学习做好铺垫] |
| 5. 在教师钢琴伴奏下，自主演唱歌曲《茉莉花》。充分让学生在歌唱中体验与感受。 | 跟唱法、模唱法 |
| 6. 民歌总是在人们的传唱过程中不断发生着变化。茉莉花小巧玲珑，以它名字命名的歌曲在经过多年的传唱之后，也发生了变化。变得更加短小精致，也更加易学易唱。 | 民歌特点 |
| 7. 歌里一直唱茉莉花好，其实茉莉花并不仅仅可以用来观赏，你们知道茉莉花还有什么用吗？（泡茶、入药、做成工艺品等） | 《茉莉花》功效 |
| 8.《茉莉花》在我国历史悠久，这首民歌轻盈活泼，淳朴优美，婉转流畅，短小精致，易唱易记，表达了人们爱花、惜花、护花，热爱大自然，向往美好生活的思想情感，既积极健康，又储蓄柔美<br>（二）比较欣赏两首乐曲《茉莉花》<br>1. 欣赏萨克斯独奏《茉莉花》<br>（1）感受萨克斯的魅力：音色甜美，音域宽广<br>（2）感受乐曲的魅力：洋溢着温暖、亲切的气息 | 《茉莉花》历史意义<br><br><br>对比欣赏<br>聆听音乐<br>感受音乐 |

| | |
|---|---|
| （3）由肯尼·基改编和吹奏的萨克斯独奏《茉莉花》，他是美国当代萨克斯管演奏家曲调接近于《鲜花调》，《茉莉花》原名叫《鲜花调》，改编体现了西方人对中国民歌的热爱和理解 | 相关知识了解<br><br>聆听音乐 |
| 2. 欣赏钢琴独奏《茉莉花》<br>（1）感受与体验不同风格的《茉莉花》；<br>（2）这首钢琴曲也是由江苏《茉莉花》改编的，钢琴弹奏模拟了民歌中常见的对歌形式，此起彼伏，好像一对姐妹在用音乐语言促膝谈心，娓娓动听。 | 想象意境<br><br>课程资源开发利用 |
| （三）欣赏《茉莉花》<br>阐明歌曲《茉莉花》在重要场合多次出现，以及在一定程度上还代表我国的形象。<br>（1）观赏我的家庭才艺节目录像无伴奏合唱与器乐合奏《茉莉飘香》<br>（2）观看张艺谋导演的 2008 北京申奥宣传片，出现了《茉莉花》演奏及演唱的片段。<br>（3）欣赏了解我国著名歌唱家宋祖英在奥地利，维也纳金色音乐大厅演唱的《茉莉花》片段。<br>（四）演唱江苏民歌异曲同唱《茉莉花》，结束本堂课。<br>课堂小结：引用舒曼的名言："仔细听听民歌，它们是那些描述各民族特征最美的旋律和取之不尽的源泉。"（为学生提供一把打开探索之门的钥匙。）<br>课后作业：课后留意身边的不同音乐风格的《茉莉花》及优秀民歌。 | 观赏与感受<br><br>加深对中国民歌《茉莉花》的印象，并产生对民族民歌的喜爱。<br><br>［设计意图：让学生认识《茉莉花》是一首深受全国人民喜爱的民间小调，多次在国家与国际的重要活动中演奏，受到世界人民的青睐，激发学生对中华文化的热爱。］<br><br>课堂延伸 |

**教学后记**

《茉莉花》是一首深受全国人民喜爱的民间小调，多次在国家与国际的重要活动中演奏，受到世界人民的青睐，因此它也是进行爱国主义教育的好题材；我以感受、体验、演唱、欣赏，创设轻松、民主的交流学习平台，引导学生感知、认识，在无意识的交流探讨中对学生进行爱国主义教育，并通过多种教学形式来体验音乐风格，感受音乐的美感和艺术魅力。在教学活动中充分调动学生的学习兴趣及学习激情，在感受体验音乐当中去感知，并获得对祖国的自豪感，体验音乐学习的乐趣。

# 第十节　高中信息技术
# 《电子报制作》教学设计

三河中学：马成龙

## 一、课例描述

信息技术课课例《制作电子报》是《信息技术》上册第三章"第六节"所涉及的内容。

教学对象是高一年级学生，他们中大多数已经过初中阶段时间的学习（学生完成了 Word 文档制作学习的相关五个任务），基本掌握了 Word 的基本操作技能：文稿的编辑、文字与段落的设计、艺术字与图片的插入、表格的输入、对象框、页面设置等。但对于大部分学生来说，还没有真正地把信息技术知识和所掌握的关于 Word 操作的基本技能应用到实际问题中。故组织该项活动旨在让学生在电子报制作的过程中去发现 Word 操作中还存在的问题，以期进一步学习；同时，能够利用所学信息技术知识应用于实践问题的解决与表达，做到信息技术与其他学科或知识的整合。

## 二、教学内容分析

《信息技术》上册第三章第六节所涉及的是集成办公软件 Word 操作的内容。学生不但要学会如何制作 Word 文档，还要学会制作电子报，通过制作电子报刊更好地掌握 Word 文档的制作，并能利用电子报形式来表达思想或信息。

拟达到的教学目标：

知识与能力领域

（1）能综合运用 Word 的知识和操作技能创作一份电子报。

（2）学会设计电子报。

（3）学会评价电子报。

（4）能利用信息技术进行信息获取、加工整理以及呈现交流。

感情领域

学会综合运用信息技术的知识与技能解决实际问题，激发学习信息技术学科的兴趣。

发展领域

（1）掌握协作学习的技巧，培养强烈的社会责任心，学会与他人合作沟通。

（2）学会自主发现、自主探索的学习方法。

（3）学会在学习中反思、总结，调整自己的学习目标，在更高水平上获得发展。

## 三、教学重点、难点

重点：电子报的设计与设计思想的体现（制作）。

难点：对电子报的评价。

## 四、教学策略（解决的方法）

1. 组成合作学习小组

从第一学期开始，教学中即要求学生组成了 2 人的小组进行协作学习，小组内成员较为熟悉，并逐渐适应协作学习，但协作学习的技巧、与他人的沟通能力还有待进一步提高。在教学过程中，教师要实时监控学生的协作学习情况，并组织成果交流会，让学生交流学习心得与体会，使小组的协作学习走向成熟。

2. 以"任务驱动式"为教学原则，确定协作学习的内容

围绕"电子报制作"任务把各教学目标和内容有机地结合在一起，使学生置身于提出问题、思考问题、解决问题的动态过程中进行协作学习。学生通过协作，完成任务的同时，也就完成了需要达到的学习目标的学习。

**五、教学准备**

主要设计了以下信息资源：

1. 本地（局域网）资源：教师事先从因特网、VCD 光盘中收集了大量有关"电子报"主题的文字、图片、影像资料等，分类别压缩为文件，上传服务器发布到局域网中。授课过程中，告知学生服务器地址，就可以从服务器上获取到有关的信息。

2. 远程资源：本地的局域网连接 Internet，学生通过上网检索可以直接找到需要的资料。

**六、教学过程和设计思路**

教学过程设计思路

（一）介绍小组协作学习任务

包括如下内容：

1. 从老师提供的三个主题中任选一个主题（学生也可自己确定制作的主题），围绕该主题综合运用 Word 的基本知识和操作技能，设计、制作一份电子报。

2. 开展协作学习活动的计划、电子报制作过程说明、各成员的分工、完成进度以及小组成员的自我评价。

（二）通过展示优秀的电子报，解释电子报的设计要点

1. 主题鲜明突出、内容健康、有吸引力。

2. 表现形式多样，富于创意。

3. 形式和内容和谐统一。

（三）引导学生如何选题，如何围绕主题进行制作电子报。3 个可供选择的主题包括：

1. 步入信息时代。

可介绍信息技术的分类、发展；介绍信息技术的应用及影响；介绍我国信息技术的发展现状、介绍获取信息的方法与途径、网络信息检索的主要策略与技巧、信息资源管理的基本方法等。

2. 网络与我。

通过使用网络的亲身体验，可介绍网络虚假信息及防护、网络安全与措施、网络道德与法律等知识或感受。

3. 我的多媒体作品。

可介绍媒体及其分类、多媒体技术的特征、多媒体技术的运用、多媒体作品的一般制作步骤、多媒体素材的收集与整理、赏析多媒体作品等。

（四）指导搜集资料的方法与途径：

1. 本地资源：在局域网中，只要输入 http：//192．168．1．60 这个地址，就可以从服务器中获取到有关的信息。

2. 远程资源：在 Internet 中，运用"雅虎、新浪、搜狐等"搜索引擎直接查找，并把相关资料下载。

（五）小组讨论并完成任务

小组成员讨论，确定制作的主题并初步制订小组活动计划、制作方案、成员分配任务等。

1. 关于小组协作学习任务的设计思路是基于学生对计算机知识的掌握、操作技能的熟练程度的参差不齐与完成学习任务的能力不同，故采用小组协作学习的方式，使学生能够互相帮助、互相促进，共同完成学习任务。

2．展示优秀电子报及说明电子报的设计要点旨在向学生提供学习的样版，同时希望学生一开始的制作即能做到规范、严谨。

3．学生制作电子报规定了三个要表达的主题，原因在于：电子报的主题表达是非常广泛的，由学生自拟不容易控制和把握；同时，三个主题的确定又是基于教材内容的，这样做可以促进学生阅读教材内容，并依据教材内容来组织表达。

4．资料搜集的方法与途径的指导在本次活动中是必要的，我们所告诉学生的只是方法，而实际的操作则由学生完成。

5．小组协作完成学习任务，对学生来讲，存在很多问题。故强调明确各自的责任，对促进学生共同完成学习任务有积极的意义。

**七、教学过程流程图**

本次教学的流程可归纳为 6 个步骤：

资源整合（课前）——任务导引——小组学习——成果交流——教师、学生评价、自我评价——总结推广

**八、教学反思和回顾**

本节课是在建构主义学习理论指导下，利用网络环境下的多媒体教学系统呈现教学内容和控制教学过程，并采用"任务驱动"的教学方法进行组织教学的。建构主义学习理论转变了过去以教师教为主的教学观念，而以学生学为主，在教学中以学生为中心，教师主要是组织者、引导者的角色，这更有利于培养学习的探索精神和自主学习的能力。

通过本节课的教学实践，我认为教师在进行教学设计时，首先要把握课的重点，找到突破难点的方法，而在细节的设计上，不要太局限，上课时可灵活处理。其次在每步教学任务完成后，教师都要及时评价学生的劳动成果，通过展示学生作品，师生共同评析，促使学生更深入地理解各知识点，进一步完善作品，同时也增加了学生的自信心和学习的动力。

# 第十一节 初中劳动技术课
## 《电路的安装》教学设计

上海师范大学附属高桥实验中学　陈瑾

**一、教学设计思路**

本设计的内容包括七个方面：一是压接式接线、剥线钳的使用、剥线练习、制作校火灯头；二是针孔式接线柱接线、剥线练习、安装三极插头、插座；三是安装一灯一开关电路；四是安装带熔断丝一灯一开关电路；五是安装带插座的一灯一开关电路；六是安装双连开关；七是荧光灯电路的制作。

本设计的基本思路是：以实践与探究活动为基础，通过剥线、接线、安装等一系列活动，引导学生观察、思考、设计、分析比较得出照明电路安装的一般规律，并进行设计与安装。

本设计要突破的重点是：导线端头绝缘层的剥制、电器的固定、熟识电器符号、电路图，并能掌握按电路图正确连接器材的程序、要领和工艺要求。方法是：先通过练习导线的剥制、制作校火灯头和连接三极插头、插座，然后解决螺口灯座、三极插头、插座的安装，为正式制作电路连接作品打好基础。

本设计要突破的难点是：连接正确，接触良好，安装牢固。方法是：首先选择效果明显的探究活动，初步学会剥线钳的使用，导线的连接方法，三极插头、插座中的三个接线桩的位置等，为照明电路的安装打基础。然后，在安装过程中，把某一项操作技能（即安装照明电路）分解为若干个技术点，通过一个个技术点的传授，让学生学会该项操作技能的做法，最后组合起来，这样就可以把一门复杂的技术分解为若干个简单的技术点，便于学生掌握。

本设计通过探究与分析、尝试与体验、交流与感悟、设计与评价等手段，提高学生的观察与发现问题的能力，分析比较与解决问题的能力，设计创新与实践能力；同时也渗透了技术思想与技术创新的教育。

完成本单元教学大约需要 12 课时。

## 二、教学目标

（一）知识与技能

1. 了解照明电路的组成及各部分作用。

2. 学会使用常用的电工工具。

3. 学会识读简单线路图和电工安装图。

4. 初步学会制作校火灯头，电源插头、插座，一灯一开关等电路的连接及其延伸。

（二）过程与方法

1. 通过电工基本操作技能——拆卸、观察，安装练习（包括导线绝缘层的剥制，导线与导线，导线与接线柱的连接，导线的敷设以及元器件的安装固定）熟悉照明电路的器材等，探究简单照明电路的组成。

2. 通过布局设计及操作训练，巩固照明电路的组成和电路连接规则。初步学会用图样表达照明电路的布局设计，并能通过交流、探讨，改进完善设计。

（三）情感态度与价值观

1. 养成在学习中相互帮助、相互协作的团队精神。

2. 养成安全意识和质量意识及环保意识。

3. 增强生活中合理用电、节约用电的意识。

## 三、教学重点与难点

（一）教学重点

1. 导线端头绝缘层的剥制。

2. 导线与导线、导线与接线柱的连接。

3. 线路图与电工安装图的识读。

4. 按电路图正确安装照明电路。

（二）教学难点

连接正确，接触良好，安装牢固。

**四、教学器材**

（一）学具

1. 剥线钳、螺丝刀、尖嘴钳等电工工具。

2. 导线、灯座、开关、熔断器等电工器材。

（二）教具

多媒体课件、两个开关控制同一盏电灯的演示板、校火灯头等。

**五、教学流程**

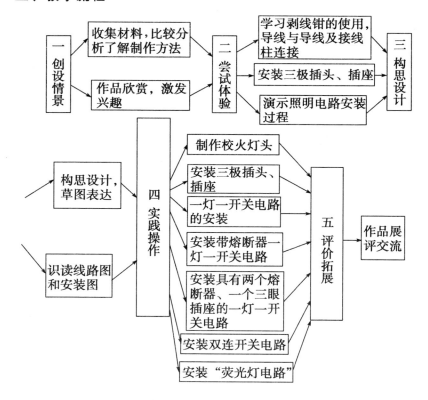

六、教学过程

自制"校火灯头"

A. 课时建议：1课时。

B. 师生共同准备知识：收集不同规格的软、硬导线，知道常用导线的名称、用途，以及导线连接方式和特点等知识。

C. 教学过程。

（一）创设情景

1. 通过收集不同规格、颜色的软、硬导线的展示，启发学生观察、分析和交流，了解导线的名称、结构和用途等常识，以激发学生的学习兴趣，从而导入新课。

2. 通过投影仪示范或多媒体展示，启发学生观察导线的剥制方法，了解几种常见的剥线工具的使用。

（1）剥线钳剥除绝缘层。4平方毫米以下

（2）钢丝钳剥除绝缘层。4平方毫米以下

（3）电工刀剥除绝缘层。4平方毫米以上

说明：通过学生收集材料，实际观察并触摸材料，从而初步了解导线的特性，引导学生思考，启发学生观察比较，了解不同导线的剥除绝缘层的方法，激发学习兴趣。

（二）尝试体验

1. 学习正确使用剥线钳、钢丝钳、电工刀等工具，并注意安全操作。

2. 让学生尝试分别用剥线钳、钢丝钳、电工刀对不同的导线进行剥线处理的基本操作，在实践中发现问题，交流探讨操作要领。

3. 利用实物投影仪，展示剥线范例，通过教师与学生的操作演示，启发、纠错、再实践，直到领悟技法要领，逐步掌握基本技法，从而知道需要选择最合适的剥线工具进行操作。

注意：导线的选择是根据线路中通过电流的大小而确定的。

补充一：用电工刀剥除绝缘层达标要求为：①保护层刀口平整，不损伤绝缘层；②绝缘层刀口平整，不损伤芯线；③剥制长度符合规定要求。

补充二：用剥线钳剥除绝缘层达标要求为：①握钳姿势正确，刀口槽选择适当；②刀口平整不损伤芯线；③导线放置适当；④剥制长度符合规定要求。

说明：（1）采用"尝试教学"让学生分别用剥线钳、钢丝钳、电工刀对不同的导线进行剥线处理，通过对各种导线的尝试体验，引导学生从尝试、发现、演示、纠错到再实践，学习正确使用工具，从而掌握选择最合适的剥线工具进行操作。

（2）同时注意的是由于学生第一次使用这些工具，所以除了进行必要的安全教育外，事先必须对这些工具进行必要的检修，确保能正常使用。

（三）实践操作

A. 导线与导线间的绞接

在电器安装和线路维修中，需将导线与导线、导线与电器连接起来。导线与导线连接主要是用绞接。

1. 教师利用实物投影仪示范：导线间绞接的一般步骤。

强调：

（1）剥线长度需 30mm。

（2）连接处必须做到接触紧密，有足够的机械强度，保证绝缘。

（3）将导线两头分别紧贴芯线，并绕 6 圈。

（4）剪去多余的线头，并钳平切口。

2. 学生尝试对各种导线进行绞接，注意连接处必须做到接触紧密，有足够的机械强度，保证绝缘连接后处理。

3. 教师演示导线连接后的处理。

导线连接完成后，应在连接处进行绝缘处理，恢复其绝缘性能，保证安全用电。照明供电线路中，电线与电线绞接后，通常同时采用黄蜡带和黑胶带先后在连接处进行缠绕。

教师利用投影仪示范三：导线连接后的绝缘恢复处理。

强调：

（1）将黄蜡带从距电线连接处 40mm 的电线绝缘层开始缠绕。

（2）黄蜡带与电线保持约 55°倾角，每圈重叠带宽的 1/2，绕到另一端的绝缘层。

（3）缠绕一层黄蜡带后，用黑胶布接在黄蜡带的尾端，按另一倾斜方向缠绕。

（4）黑胶布与电线的倾角也为 55°左右，缠绕时每圈也压半幅带宽，一直缠绕到黄蜡带的起始位置。

补充：绝缘胶布一般有三种规格，幅阔分别为 12mm、20mm、25mm。常用的胶布幅阔为 20mm。绝缘胶布的作用是使导线连接处绝缘并防止潮气腐蚀芯线。

B. 导线与用电器的连接。

导线与电器、灯具的连接通常用接线柱压接，也有铆接和焊接。

常用的接线柱有针孔式和平压式。

教师利用投影仪示范：平压式接线柱的连接

强调：

（1）压接圈的弯制方向必须与螺钉的拧紧方向一致（即顺时针方向绕线），圈孔稍大于螺丝直径。

（2）芯线不外露。

（3）多芯线必须绞紧。

（4）螺钉压紧，连接牢固。

（5）螺钉不能压住接线的绝缘层，应留 3mm 间隙。

C. 学生活动：自制"校火灯头"

学生阅读书本，了解"校火灯头"用途、制作方法，进行"校火灯头"制作的活动体验。

提醒学生注意：红线应与连通中心弹簧片的接线柱相连接、绿线必须与连通螺纹圈的接线柱连接。

说明：（1）导线连接后的处理：为避免不必要的浪费，可以请学生先用废纸条进行练习，从而达到节约的目的。不过，教师需要强调，纸或者橡皮胶绝缘性能较差，它们在日常生活中不能代替黄蜡带和黑胶带的作用。

（2）在导线处理过程中，学生的手非常容易受伤，必须提醒学生注意安全。

（3）通过学生的探索和尝试，将初步学得的技能应用于制作实践中，进一步完善知识与技能，提高学生操作实践和解决问题的能力。

**四、评价与拓展**

1．组织学生进行作品的展示、评价与交流。

2．在体验制作活动全过程的基础上，引导学生总结技术操作要领。

3．每组派一名代表，进行操作技能竞赛，注意质量第一，速度第二。

4．学生互相检查、评议后，填评议表。

说明：1．通过评价交流，让学生体验成功的喜悦，掌握技术要点并能运用于生活中。

2．通过小组竞赛，提高学生的鉴赏水平，质量意识，以及善于发现问题，并对它进行修正、完善的能力。同时将学习热情推向高潮。

# 第七章　家庭教育与学生的创新能力

作为家长，我们经常可以听到这样的话："你画的鱼怎么是三角形的？你看老师画的鱼是椭圆形的多漂亮！""大海的颜色是蓝色的，你的怎么是黑色的？"都是否定的语句、责备的口吻。家长朋友，你是否耐心地问过："为什么大海的颜色是黑色的？"请听孩子是怎么回答的："因为今天大海心情不好，它发怒了！"多棒的想象，可是却被父母否定和责问扼杀了。试想，如果你及时发现了孩子可贵的想象，使孩子得到及时、充分的满足，产生愉快的情绪体验，将对孩子的学习兴趣产生多大的积极影响。如今的家庭，一般都只有一个孩子，父母将所有的希望都寄托在孩子身上，对孩子的教育也出现了空前的热潮，有的父母强迫孩子在很小的时候认字、读拼音，做加减法，殊不知违背了孩子的年龄特点；有的家长强制孩子去参加各种兴趣班，殊不知孩子已悄然产生了厌倦情绪……家长在为孩子的智力开发绞尽脑汁的同时，往往忽略了孩子创新力的培养。正确对待孩子的创新行为，注重良好的心理环境的创设，已成为家长们必须重视的问题。

## 一、创设良好的家庭环境

家庭是每个人来到这个世界的第一站，也是人由动物向社会人转化的第一个自然天堂。父母也就理所当然地成了孩子的启蒙者和第一任教师。因此，家庭对人的一生起着重要的作用，良好的家庭教育对人的创造力的发展起着重要的作用。

家庭不仅是开发孩子创造力之源，而且在开发孩子创造力中具有特殊作用，但这并不意味着任何家庭都能开发孩子的创造力。大量事实表明，开发孩子创造力要靠能够对孩子实施良好创新教育的家庭环境。一般来说，创造力与环境，就像种子生长依赖于阳光、空气和水一样。在后天的环境中，创造力逐渐形成并不断发展完善，家庭环境尤为重要。

（一）创设良好的感情环境

感情环境主要是指家庭成员之间的感情、兴趣、爱好、贪图、教养、作风等。家庭成员之间思想活跃，相处融洽，使人产生一种温暖感，孩子生活在和睦的家庭环境中，氛围是轻松的、随意的，它没有严格的组织纪律，没有上级对下级的指令。父母对孩子的教导，子女对父母的言谈，家庭成员间的交流无不体现出浓浓的亲情。良好的家庭气氛中父母会有充沛的精力来培养和开发孩子的智力，孩子生活得自由自在，心情舒畅，比较容易激发学生的兴趣和强烈的求知欲望。假如家庭中父母总是不断争吵、打架，势必使孩子长期心境不佳，情绪低落，精神紧张，无形的心理压力会给孩子带来沉重的精神负担，分散孩子的学习精力，削弱儿童的成就创造动力、学习兴趣、上进心等非智力因素，影响儿童的认知发展。孩子生活在不安定的环境气氛中，精神经常处于紧张的状态，总是在担惊受怕、提心吊胆的情绪中度日，必然要影响孩子的思维能力的发展，创造力的培养就更不用提了。因此，建立起和睦友爱的人际关系，在家庭中创造一种爱的气氛，使孩子从小受到炽热的情感熏陶，形成良好的品格，从而培养学生的创造力和想象力。

（二）创设良好的文化环境

家长要爱学习、爱思考。经常读书看报，给孩子潜移默化的影响。家长有责任给孩子安排一个良好的学习环境，让孩子有各种各样的机会学习，也有多种形式机会进行探索和尝试。当然，家长为孩子准备形式多样的材料不必是昂贵的，事实上一些旧的杂志、书籍、报纸、衣物、电器等可能更有利于孩子创造力的施展和发挥。英国著名批判现实主义作家狄更斯的成才得益于他家里有许多藏书。6 岁起他就贪婪地读这些书，为他日后文学创作打下了坚实的基础。无数成功人士的成长证明，家庭文化教育是发展孩子创造力的重要资源。

## 二、选择科学的教育方式

家庭教育没有课堂，没有教材，也不需要备课和批改作业，然而不同的家庭环境以及教育方式对孩子的发展成长的作用是不一样的。有关专家表明，理解型的教育方式最易培养孩子的创造能力。

这类家庭充满了一种民主。开放自由和谐的气氛，父母与孩子之间处在平等的地位上，互相尊重，相互讨论，充分表达自己的意见。父母在孩子心中享有一定权威，其威信不在于溺爱，不在于独裁，而在于真正地理解子女。父母不以长者自居，强迫孩子接受自己的意见，父母与孩子之间的关系是亲子又是朋友，孩子有充分发表自己意见的权利和机会。在这样充满友好、民主与和谐气氛的家庭中往往能培养出智慧超群、思维敏捷，具有独到见解的孩子。

（一）放开手脚让孩子去玩

相信大家都知道陈鹤琴老先生的"六解放"。对于似一张白纸的孩子来说，生活中的一切都需要学习，而每个孩子的天赋又是不一样的，在孩子还未找到属于他自己的学习方法之前，就应该放开手脚让孩子玩，玩中学、学中玩，在玩中发现问题、解决问题。允许他们利用生活的一切进行学习，不要嫌孩子玩的泥巴太脏、孩子摘的野花没品位，其实孩子们在与周围环境的交互中获取了知识，增强了体魄；在摆弄这些大人们看来没有一点价值的材料中，他们的好奇心得到了满足，想象力得到了发展。

（二）尽量多的赞许与肯定

父母的赞许与肯定能给予孩子学习、游戏的安全感。感到自己是被接纳的，更全身心地投入到学习、游戏中去，心情愉快、注意力集中，特别是在孩子遇到挫折的时候显得尤为重要。在一次元旦家园同乐活动中，一位小朋友不愿意上台表演，正是母亲的陪伴和家长们鼓励的掌声使她大胆地完成了表演，之后她自己也显得异常兴奋，在以后的活动中她显得大胆了许多。前面所讲的美术活动中，家长要多问几个为什么，允许孩子表达自己，不要以成人的眼光去评价孩子的作品，应顺应孩子的思维、尊重孩子的独特创意，给予赞许与肯定，从而调动孩子的主动性和积极性。

（三）尽量少的管束和限制

父母是孩子的家庭老师，孩子的一切学习活动都要受父母的指导，少用"你应该……"这种方式去教孩子，因为这样父母无形的权威影响对孩子产生了束缚，阻碍了孩子的探索学习，使孩子不敢大胆去尝试各种解决问题的方法。我们曾很多次地听过美国的一位母亲状告老师教她的孩子"0"就是零的案例，认为抹杀了孩子的想象力。所以说孩子的内心是多彩的：大海可以是黑色的、飞机可以在水里游泳的……了解孩子，尽量少的管束和限制能促进孩子想象力的发展。

随机指导、培养，有利于增强学生的创造能力。

**三、培养孩子的实践能力**

实施家庭教育，家长是主体。家长通过不断地学习和参与，提高自身的文化素质和心理素质，掌握科学的育人方法，家长在施教的过程中，努力改变以往那种陈旧的教育模式，树立现代的教育理念，知子女所想，晓子女所好，促子女所长，导子女所会，真正形成科学互动的育人氛围。孩子需要一定的安全感，要依赖成人并受到保护；需要爱，包括亲子爱，师生爱和同伴之间的友爱；需要自尊，尤其是要受到老师的公正合理评价，并被同伴所接受；需要独立，要自己动手去解决生活问题；需要成功，即通过自己的努力，达到一定的目标，完成老师布置的任务，成为一名人人夸赞的好孩子。身心需要如果长期得不到满足，行为的动机不能实现，孩子会产生强烈的挫折感，心理压力加大，最后出现一系列心理行为问题。促进家庭与社会同步发展。可以激发家长与孩子的互动，在家庭中形成一种父母与孩子在学习中共同成长的新局面。给孩子买课外书籍，拓展孩子的知识面；给孩子买电脑，提高其操作技能。父母要与孩子有共同的时间阅读、学习、讨论、活动，共同分享学习的成果，这对孩子来说是一种无声的教育，同时，家长在与孩子的互动学习中，也会从孩子的身上获取很多新的信息，建立一种平等、民主、相互尊重和沟通的家庭人际关系，真正营造出一种双向互动的学习氛围。所以，家庭教育就是一种与孩子平等的对话和交流。利用节假日，带孩子外出游览参观，既开阔了视野，又增长了社会知识。既重视书本学习，又注重在社会生活实践和大自然中学习，是一种开放式的学习。家庭中的创造性学习教育是家庭成员确定终身学习理念的过程，是催化家庭学习环境和发展空间的过程，是家庭成员亲密合作相互沟通的过程，是父母与孩子共同学习分享成果的过程。总结经验，还是那句老话：授人以鱼，不如授人以渔。陪着孩子学习，不如教会孩子学习。学习是自己的事情。孩子只有开动脑筋琢磨自己是哪里不懂，自主思考探究，孩子才能具备及时发现问题和解决问题的能力，增强孩子的创造能力。似乎就在不经意之间，孩子已具备了一定的竞争力。"良言一句三冬暖，恶语伤人六月寒。"在影响孩子的内心世界时，应该尊重孩子的自尊心，不要挫伤孩子的自尊心和自豪感。卡耐基9岁那年继母进门，当着父亲的面，继母称他是"最聪明、但还没有找到发泄热忱地方的男孩"也就是这句话使他日后创造了走向成功的28项黄金法则，帮助千千万万的普通人走上成功的光明大道，他也成为20世纪最有影响力的人物之一。

## 四、使孩子拥有健康的心理素质

了解影响孩子心理健康的因素，对促进孩子的心理健康具有重要意义。外界环境中存在着的不良的刺激，形成一种无形的压力，对孩子心理产生影响。它包括生理性、心理性、社会性的不良刺激。生活环境中的不良刺激长期作用，会使孩子生理上难以忍受，并影响到情绪和行为。调查表明，在小环境中生活的孩子异常行为增多，注意力不集中、烦躁不安、反应迟钝。在心理性不良刺激方面，不良的人际交往是最重要的。孩子与家长、教师和同伴之间的关系不协调，会导致孩子心理发展不平衡，尤其遭遇到家长体罚、教师冷落、同伴讥笑时，其心理压力加剧。如果家长本身脾气暴躁，情绪多变，就会增加刺激的强度。社会性不良刺激也对孩子产生作用。如社会文化背景的变化过分强烈，会形成巨大的压力，使孩子难以适应，产生不良的情绪体验。家庭的变故，父母的离异，经济状况的改变等等。其中，家长和教师对孩子的期望水平以及教育方式最为重要。由于遗传和环境条件的不同，孩子的身心素质在个体间差异很大，孩子个性中的气质特征对自我强度有明显影响，如有的活泼、灵活，行动迅速果断，对周围环境刺激敏感，能很快作出反应，有丰富的想象力和创造力；而另一些孩子行动迟缓，反应慢，或是注意力和持久性低，反应强烈，易分心，也难适应环境。另外，孩子的性格、能力、兴趣爱好、价值观念等都对自我强度产生影响。根据上述影响幼儿心理健康的多种因素来看，增进孩子心理健康需要采取综合措施，有效控制环境中的各类不良刺激，以缓解外来压力，满足孩子的身心需要。

与时俱进，开拓创新，形成多元化的家庭教育指导方式，不断开拓家庭教育的新领域，才能使家庭教育工作不断创新，不断提升。引导家庭实施素质教育，培养孩子的个性化学习习惯和自主创造的学习能力是孩子一生受用不尽的财富。必须持之以恒，狠抓落实，才能使家庭教育活动深入持久地开展下去。家庭教育、学校教育、社会教育紧密结合，互相促进，共同发展，才能在确立终身教育观念的同时，实现家庭、学校、社会共同发展的目的，从而激发孩子的创造欲望，促进孩子创造能力的培养。